フリーソフトで作る

バーチャルスライドと3Dモデルの作成法

駒崎伸二 著

協力：猪股玲子・亀澤 一

裳華房

How to Make a Virtual Slide System and 3D Models Using Free Software

by

SHINJI KOMAZAKI

SHOKABO
TOKYO

JCOPY 〈(社)出版者著作権管理機構 委託出版物〉

はじめに

　グローバル化が進む今日の社会において、日本の教育を国際競争に負けないものへと大きく質的に転換させる必要に迫られている。そのために提案されているのが、これまで行われてきたような、知識を一方的に伝えるだけの授業から、生徒や学生らが主体的に問題を提起してその解決法を見いだしていくアクティブ・ラーニングと呼ばれる教育方法や、学校における授業と家庭における学習を逆転させた反転授業と呼ばれる教育方法への転換である。
　現在、アクティブ・ラーニングや反転授業への転換は、小学校から大学に至るまで幅広く推し進められており、その一環として、タブレット型端末などを活用した新たな教育方法の開発が行われている。このような最新の情報機器を用いた教育法の利点の1つは、従来の紙の教科書では不可能であった、コンピューターグラフィックスやムービーなどの視覚教材の効果的な利用が可能になったことである。しかも、視覚教材の活用は、とりわけ、科学分野では大きな教育効果が期待されるとともに、飛躍的に増大しつつある最近の科学情報を効率よく理解するための手段としても、非常に役立つものになることは間違いないであろう。
　しかしながら、現実的な問題として、アクティブ・ラーニングや反転授業を推し進めるための基盤となる教材の電子化や、それらの教材を効果的に活用した新たな教育方法の開発などは、諸外国と比べて大きく立ち遅れた状態にある。その原因の1つとして、経済的な問題や技術的な問題がある。たとえば、電子教材を作成するために必要な市販の設備やソフトを準備するためには相当な経費が必要である。しかも、それらのソフトを自由に操作するにはかなりの技術も必要である。そのために、個人的なレベルで電子教材を作

▶はじめに

成し、それを教育に活用しようという取り組みは簡単なものではない。残念なのは、それだけの理由で、多くの教育者たちが独自で電子教材を作成してそれを新たな教育に活用しようという意欲を失ってしまうことである。

そこで、本書では、少しの知識と意欲さえあれば、誰もが実用的な電子教材を簡単に作成して、それらを自らの教育に効果的に活用できる経済的な方法を紹介する。ここで提案するのは、世界中で公開されている高機能なフリーソフトを組み合わせて、実用的な電子教材を作成する方法である。敢えて、フリーソフトを利用した方法を提案したのは、経済的な問題点と技術的な問題点の両方を解決するためである。また、本書においては、主に、生命科学の分野の教育に用いられる電子教材の作成について紹介しているが、その基本的な技術や作成された教材の活用法などは、幅広い教育分野の電子教材作りにも共通して参考になると思われる。

最後に、医学部の解剖学教育用の電子教材作成と、それらを用いた教育方法の開発を著者と共に進めている同僚（埼玉医科大学・解剖学科）の猪股玲子助手と亀澤 一助手の協力に感謝します。そして、本書の企画から出版に至るまで、いろいろとお世話になった裳華房の野田昌宏氏に厚く御礼を申し上げます。

＊ 本書で紹介した電子教材作成の技術開発の一部については、平成24年度の埼玉医科大学学内グラント 24-B-1-15 による助成（代表：猪股）と、平成25年度の医学教育振興財団による助成（代表：駒崎）を受けた。

＊ KGT社（現在はサイバネット社）からボリュームレンダリングソフトの RealINTAGE をお借りした。有限会社サイネン・システムが公開しているフリーソフトの SSC DICOM 3D Viewer の機能の改良をお願いした。

以上、ここに謝意を表する。

2014年8月

駒崎伸二

目　次

第 1 章　バーチャル顕微鏡システムの構築とその活用法　1

1・1　バーチャル顕微鏡の歴史とその活用　1
1・2　バーチャル顕微鏡システム構築の概略　3
1・3　バーチャル顕微鏡システム構築の実際　6
　1・3・1　標本の撮影に用いる顕微鏡とデジタルカメラ　6
　1・3・2　画像処理に必要なコンピューター　12
　1・3・3　撮影された連続写真の修正　14
　1・3・4　連続写真の連結（Stitching）　17
　　▶複数の写真を継ぎ目なく連結する際のしくみ　17
　　▶写真連結用のソフトと連結の実際　21
　　▶連結された巨大写真の画像修正　31
　1・3・5　巨大写真の圧縮　35
　1・3・6　でき上がった巨大サイズの写真の観察　39
1・4　バーチャル顕微鏡の利用法とその将来性　41
　　▶バーチャル顕微鏡データを一般に公開している機関　42
　　▶ソフトのダウンロード先の URL　43

▶目　次

第 2 章　連続写真を用いたリアルな立体モデルの再構築法　44

2・1　立体モデルの作成法　44
　2・1・1　サーフェスモデリング法のしくみ　45
　2・1・2　ボリュームレンダリング法のしくみ　49
2・2　サーフェスモデリング法とボリュームレンダリング法による
　　　　立体モデルの再構築法の実際　56
　2・2・1　連続写真を用いたサーフェスモデリング法の実際　56
　　▶連続写真の撮影　56
　　▶連続写真の整列　59
　　▶連続写真に含まれる構造物のトレース作業と立体モデルの再構築　63
　2・2・2　連続写真を用いたボリュームレンダリング法の実際　66
　　▶連続写真の処理　66
　　▶使用するボリュームレンダリングソフト　70
　　▶立体モデル作成の基本操作　77
2・3　ボリュームレンダリングソフトを用いた特殊な技術　80
　2・3・1　バーチャル顕微解剖　80
　2・3・2　2 種類の立体モデルを重ね合わせる機能　83
　2・3・3　高精細な立体モデル作成の可能性　85
2・4　立体モデルの簡単な観察法　88
　2・4・1　印刷された写真を用いて立体モデルを観察する方法　88
　2・4・2　立体モデルをムービーで示す方法　92
　2・4・3　立体モデルを一般の 3D ビューアーで観察する方法　92
　2・4・4　立体モデルを Acrobat Reader で観察する方法　93
　　▶連続切片から立体モデルを再構築するためのソフトと、
　　　そのモデルの観察に必要なソフト　96

・連続写真を整列させるソフト	96
・トレース画像から立体構築するソフト	96
・ボリュームレンダリングソフト	96
・立体モデルをファイル変換するソフト	96
・平行法、交差法、アナグリフ画像などを作成するソフト	97
・立体モデルを 3D PDF ファイルに変換するソフト	97
・3D ビュアーソフト	97
・立体モデルを加工する CG ソフト	97

第 3 章　分子の立体モデルの作成法　　　　　　　　　98

3・1　分子構造の数値データ	99
3・2　PDB ファイルから分子の立体モデルを作成するためのソフト	101
3・3　分子の立体モデル作成の実際	104
3・3・1　分子の立体モデルの表現法	105
▶色の表現法	108
▶タンパク質と核酸の特別な表現法	109
▶その他の表現法	111
3・3・2　分子の立体モデルの複雑な表現方法	114
3・3・3　簡単な操作で高度表現の分子モデルを作成するソフト	116
3・4　分子構造を作画して分子の立体モデルを作成する方法	117
3・5　高次構造の分子の立体モデルの作成法	121
3・6　作成した分子の立体モデルの観察法	128
▶関連するホームページとソフト	130
・タンパク質のデータベース	130

▶目　次

- ・分子の立体モデル作成用のフリーソフト　131
- ・分子の立体モデル作画用のフリーソフト　131
- ・プロ用の CG ソフト　131

索　引　132

第 1 章

バーチャル顕微鏡システムの構築とその活用法

　バーチャル顕微鏡（あるいは、バーチャルスライド、Whole slide imaging など）と呼ばれている技術は、旧来の顕微鏡を用いた組織標本の観察法に取って代わる新たな方法である。今までの方法で組織標本を観察する場合、顕微鏡を直接覗いて観察するか、顕微鏡に取り付けた TV カメラの画像をモニターで眺めて観察するのが一般的であった。ところが、このバーチャル顕微鏡では、組織全体を高精細に撮影した巨大なサイズの写真を、コンピューターを用いて自由自在に観察することができる。しかも、組織標本の全体を隅から隅まで、そして、見たい場所を低倍率から高倍率に至るまで連続的に、マウスの操作だけで観察することができる画期的な方法である。

1・1　バーチャル顕微鏡の歴史とその活用

　バーチャル顕微鏡の技術は 1990 年代の終わり頃に開発され、2000 年以降になり、実用的な方法として確立され、病理学の分野を中心に普及してきた。その背景には、近年になり、コンピューターの性能が向上した（扱える RAM メモリー容量の増加や、CPU の高速化）ことや、国内外のいくつかのメーカーから病理診断用のバーチャル顕微鏡システムが開発され、商品化されたという経緯などがある。また、この方法が病理学の分野を中心に普及したのは、病理診断の際には数多くの組織標本の観察と管理が日常的な仕事になっているからである。そして、その際に、バーチャル顕微鏡が非常に効率的な方法として役立ったからである。

　バーチャル顕微鏡の技術は、病理学の教育や診断以外にも、顕微鏡観察を

▶第 1 章　バーチャル顕微鏡システムの構築とその活用法

用いる教育（たとえば、解剖学の組織学実習など）にも非常に利用価値のあることが注目され、その有効性は欧米各国の教育者や研究者の調査により実証されている。たとえば、従来の顕微鏡による組織観察法と、この新たな方法の長所と短所を比較してみるとよくわかる（**表 1・1**）。しかしながら、このように便利な方法がすでに世界的に実用化されているにも関わらず、わが国の現状を見ると、この技術が教育分野に導入されて効果的に利用されているという例はまだ多くない。その大きな原因の 1 つに、このシステムを導入する際のコストの問題があると思われる。たとえば、組織標本全体を高倍率で自動撮影するスキャナーだけでも 700 〜 2500 万円もする。しかも、イントラネットを利用して多くの学生が同時に実習できるようなシステムを構築

表 1・1　通常の顕微鏡観察と比較したバーチャル顕微鏡の長所と短所

長所	(1) たった 1 枚しかない貴重な標本でも、多くの人がそれを同時に観察することができる。 (2) 高性能な顕微鏡で撮影した最高画質の標本を、誰もが同じように観察することができる。 (3) コンピューターさえあれば、いつでもどこでも標本を観察することができる。 (4) 面倒な操作（対物レンズの交換、絞りや焦点の調節など）の必要もなく、標本の観察を軽快に行うことができる。しかも、モニター画面による標本観察なので、目が疲れにくい。 (5) ビュアーソフトにさまざまな説明機能を付け加えることにより、自己学習することもできる。 (6) デジタル化した標本では、顕微鏡標本と違って将来的な劣化や破損の心配がまったく無い。 (7) 顕微鏡や標本などを管理するのに必要な維持費や労力などを必要としない。
短所	(1) 伝統的な技術である顕微鏡の構造や扱い方が習得できない。[*1] (2) 見たい部分の細胞に焦点を合わせることができない。[*2]

*1　顕微鏡の扱い方や観察法は、それを目的とした学習の機会を設けて、そこで修得すればよいと思われる。
*2　バーチャル顕微鏡でも、最近のソフト技術の発達により、この問題点を解消することは可能である。

するには、さらに多額の費用（サーバー機器、ソフト、そして、LAN 設備などの購入費）が必要である。

　欧米各国では、すでに、このバーチャル顕微鏡は医学を中心とした生命科学の教育分野で広く普及しているが、残念なことに、日本の教育分野におけるバーチャル顕微鏡の利用はあまり進んでいない。そこで、著者らは、この便利な方法を理科や生命科学の教育分野に広く普及させるために、その障害になっている経済的な問題や技術的な問題を解決し、バーチャル顕微鏡を身近な技術として活用できる方法を考案した。ここで紹介するのは、手持ちの顕微鏡と撮影装置、そして、いくつかのフリーのソフトを利用するだけで、市販の高価な装置にも負けないくらい実用的なバーチャル顕微鏡システムを、個人的なレベルで構築することができる方法である。以下に、著者らが考案した経済的で簡便なバーチャル顕微鏡システムの構築法とその活用法などについて具体的に紹介する。

1・2　バーチャル顕微鏡システム構築の概略

　バーチャル顕微鏡システムを構築するためには、一連の作業工程をこなす必要がある（図 1・1 ①、②）。ここで紹介する方法では、それらの作業をすべてフリーソフトを用いて行い、必要な機材も、できるだけ手持ちのものを利用することを目標としている。その作業の概略は以下のようになる。最初に、高倍率（20 倍や 40 倍）の対物レンズを用いて組織全体を連続的に撮影する。そして、撮影された膨大な枚数の写真を継ぎ目なく連結して 1 枚の巨大なサイズの写真を作り上げる。次に、画質の劣化をできるだけ抑えながら、容易に扱えるメモリーサイズになるまで写真の圧縮を行う。それは、巨大なサイズの写真は非常に大きなメモリーサイズになるので、そのままでは一般のコンピューターで自由に扱うことができないからである。そして、圧縮された巨大な写真を専用のビュアーを用いて自由自在に観察する。この方法を用いれば、巨大な写真をノートブック型コンピューターでも容易に観察することができる。以上の過程はすべて、一般に公開されているフリーのソフト

▶第1章 バーチャル顕微鏡システムの構築とその活用法

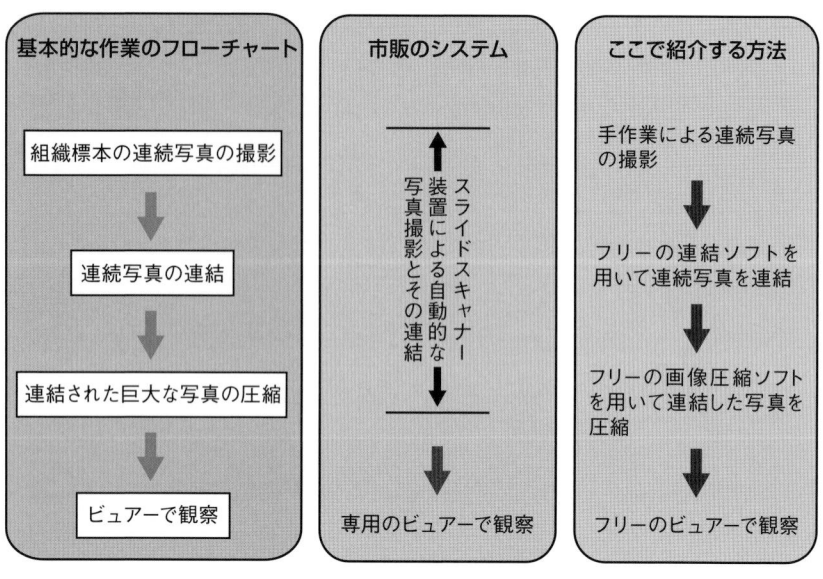

図1・1① バーチャル顕微鏡システムの構築の概略

を用いて行うことが可能である（図1・1②）。

　製品化されたバーチャル顕微鏡システムでは、スライドスキャナーと呼ばれる専用の装置により、組織標本の連続撮影と撮影された写真の連結作業が自動的に行われる。一方、ここで紹介する方法は、スライドスキャナーが行う自動的な撮影作業を手作業で行うと共に、撮影された写真の連結と圧縮作業をフリーのソフトを用いて行う。そのために、この方法は非常に経済的なので、誰もが個人的なレベルでバーチャル顕微鏡システムを構築して利用することができる。難点としては、スライドスキャナーによる自動作業と比べて少々手間と時間がかかることである。しかしながら、ヒトの眼で標本を見ながら、どこに焦点を合わせればよいか確認しながら写真撮影を注意深く行えば、機械による自動作業で撮影されたものよりもすばらしい連結写真を得ることも可能である。

　比較的に手間のかかるこの方法は、日常的に数多くの組織標本を扱ってい

1・2　バーチャル顕微鏡システム構築の概略

```
                    ┌ (1) 顕微鏡による組織標本の写真撮影
                    │       （連続写真の撮影）
                    │             ↓
バ 作                │ (2) 画像処理ソフト　ImageJ　（NIH）
｜ 成                │       撮影した写真の画像処理（コントラスト、色調整、解像度の変更など）を行う。
チ す                │             ↓
ャ る                │ (3) パノラマ画像作成ソフト　Image Composite Editor　(Microsoft)
ル ま                │       膨大な数の連続写真を継ぎ目なく連結（stitch）して巨大なサイズ
顕 で                │       （数ギガから数十ギガバイト）の写真を作成する。
微 の                │             ↓
鏡 作                │ (4) 画像処理ソフト　GIMP　（The GIMP development team）
シ 業                │       巨大なサイズの写真の画像処理（色調整、トリミングなど）を行う。
ス 工                │             ↓
テ 程                │ (5) 画像圧縮ソフト　JP2 WSI Converter　（Tampere University）
ム                   │       巨大なサイズの写真の容量を 1/20 ～ 1/100 程度にまで圧縮する。
用                   │             ↓
の                   └ (6) 画像データを CD-ROM や USB メモリーなどに書き込んで、学生に配布する。
写                                 ↓
真                   ┌ (7) ビュアーソフト　JVSview　（Tampere University）
デ 実                │       専用のビュアーを用いて、巨大な画像をノートブック型のパソコンで自由自在に観察する。
｜ 習                
タ                   
を                   
```

図 1・1 ② 　本書で紹介するバーチャル顕微鏡システムの構築の流れ
　　　本書で紹介するバーチャル顕微鏡システム構築のフローチャートと、
　　　それぞれの過程で使用するフリーソフトを示す。

る病理診断の分野には適さないかもしれないが、一般の教育や研究分野で利用するには十分に実用的な方法である。それは、病理診断の分野では日常的に数多くの標本をデジタル化する必要があるので、それを手間のかかる手作業で行っていては仕事にならないからである。一方、一般の教育（たとえば、解剖学の組織学実習など）の場合には、何世代にもわたって引き継がれてきた手持ちの貴重な組織標本をいったんデジタル化してしまえば、それですべて完了するからである。実際に、実習などで使用している組織標本の数はそれほど多くないであろう。それゆえ、一般の教育用や研究用にバーチャル顕微鏡システムを利用する場合には、ここで紹介する方法を用いれば十分であ

▶第 1 章　バーチャル顕微鏡システムの構築とその活用法

り、あえて高価な装置や設備などを導入する必要はまったくないと思われる。

1・3　バーチャル顕微鏡システム構築の実際

1・3・1　標本の撮影に用いる顕微鏡とデジタルカメラ

　最初に行うのは、組織標本の全体を隅から隅まで、タイルを敷き詰めたように隙間なく撮影する作業である。その際に、でき上がった写真をできるだけ高精細にしたい場合には、当然ながら、顕微鏡の対物レンズはできるだけ分解能の高い（開口数の大きい）高性能なものを使用すると共に、撮影する際の顕微鏡の調整にも気をつける必要がある。撮影する際に何倍の対物レンズを使用するかは、撮影された組織をどの程度まで詳しく観察する必要があるかによって決まる。細胞の詳細（たとえば、細胞の核や突起などの構造）まで観察したい場合には、撮影する際の対物レンズには 20 倍以上のものが必要であろう。

　より高倍率の対物レンズを使用すれば、それに越したことはないが、高倍率のレンズを用いると、それに比例して写真の枚数が大きく増加してしまうことになる。たとえば、単純に考えて、40 倍の対物レンズを使用して撮影すると、20 倍の対物レンズで撮影する場合の 4 倍の枚数の写真撮影が必要になる。その結果、組織標本のサイズが大きい場合には、撮影された写真の総枚数が膨大になると同時に、その際の写真の総メモリーサイズも巨大なものになってしまう。そうなると、撮影する手間がたいへんになるだけではなく、次に行う写真の連結作業にも手間取ることになる。さらに大きな問題として、写真の総メモリーサイズがあまりにも大きくなり過ぎると、コンピューターの RAM メモリーや画像処理ソフトが扱えるメモリーサイズの限界を超えてしまうことになる。その結果、メモリーエラーにより、コンピューター処理ができなくなってしまう可能性がある。それゆえ、特別の場合を除いては、20 倍の対物レンズを用いた写真撮影が、画質と写真の総枚数などから考えて現実的な選択ではないかと考えられる。

　でき上がった写真を解像度の高いきれいなものにするためには、20 倍の

1・3　バーチャル顕微鏡システム構築の実際

　対物レンズはできるだけ性能の良いもの（たとえば、開口数の高い油浸レンズなど）を使用すると共に、撮影する際の顕微鏡の調整（コンデンサーレンズの軸合わせや絞りなど）を念入りに行う必要がある。

　また、組織の写真を撮影する際には、対物レンズの分解能だけでなく、デジタルカメラの撮像素子であるCCDやCMOS[*1-1]のサイズや画素数なども考慮する必要がある。それは、開口数が大きくて高性能な対物レンズを用いる場合、その能力を十分に発揮させるためには、撮影に用いるデジタルカメラも撮像素子のサイズが大きい高画質で高分解能なものが必要になってくるからである。しかも、デジタルカメラに撮像素子のサイズが大きいものを用いると、撮影された写真の画質の向上だけでなく、組織全体を撮影するのに必要な写真の枚数を減らすことも期待できる。たとえば、撮像素子のサイズが2倍になると、撮影される面積が4倍になるので、当然ながら、大きいサイズの撮像素子のカメラを用いて撮影すると写真の枚数が減ることになり、撮影に要する手間も省ける。しかし、単純に撮像素子のサイズを大きくすると、後述するように、それによる新たな問題も生じてくるので、その点に対する注意が必要である。

　顕微鏡撮影の際には、それに使用する対物レンズの経費を節約することはお勧めできないが、写真撮影に用いるデジタルカメラについては、その性能を落とさずに大幅な経費の節約が可能である。それは、顕微鏡メーカーの各社が販売している高価な顕微鏡撮影専用のデジタルカメラを使用する代わり

＊1-1　CCD（Charge coupled device、電荷結合素子）はデジタルカメラに用いられているイメージセンサーで、光を電気信号に変換するフォトダイオードが高密度に配列された構造からなっている。CCDの画素と呼ばれているのはそれを構成するフォトダイオードの数を示しており、高分解能なCCDほど、フォトダイオードの数が多い。さらに、CCDを高感度にするには、個々のフォトダイオードの受光面積を大きくするのが基本である。それゆえ、高分解能で高感度なCCDほどそのサイズが大きくなる。また、CCDの他にも、CMOS（Complementary metal oxide semiconductor、相補性金属酸化膜半導体）方式と呼ばれるイメージセンサーがデジタルカメラに用いられている。CCDとCMOSには、それぞれの特質に一長一短があるので、目的によって使い分けられているようである。

▶第 1 章　バーチャル顕微鏡システムの構築とその活用法

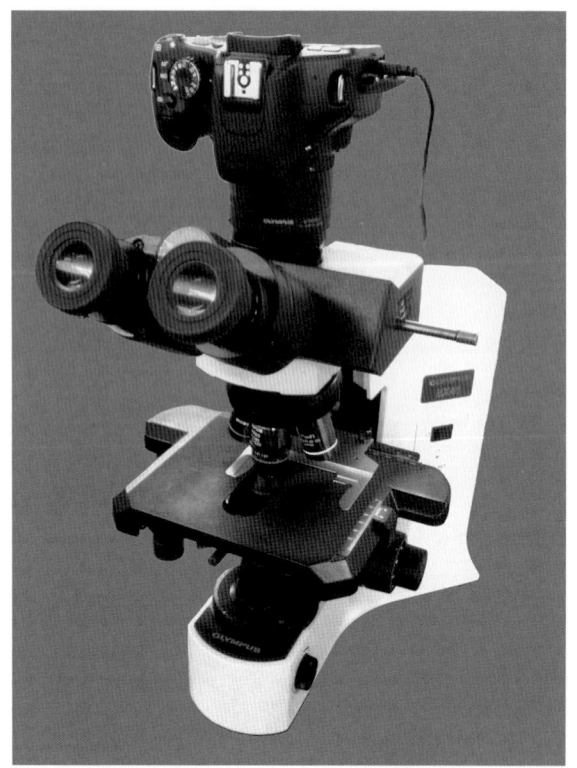

図 1・2　顕微鏡撮影装置
オリンパス社の顕微鏡にキヤノン社の一眼レフデジタルカメラ(EOS Kiss X4)を取り付けた状態を示す。このカメラにはリモート撮影機能があるので、カメラをコンピューターにつないで、モニター画面上で焦点を精確に合わせることができる。そのために、撮影作業が非常に簡単にできる。

に、それよりも格段に安価で性能の良い市販の一眼レフカメラを使用する方法である。大きなサイズの撮像素子を用いている最近の一眼レフカメラは、その基本性能が良い割に価格が非常に安価である。そこで、市販の一眼レフカメラを専用のアダプターを介して顕微鏡に取り付けて利用すると、非常に高画質な写真を簡単に撮影することができる (**図 1・2**)。しかも、リモート撮影機能が付いたデジタルカメラ (たとえば、キヤノン製の EOS Kiss X2 以

8

1・3 バーチャル顕微鏡システム構築の実際

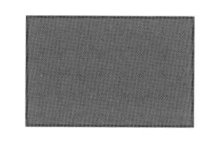

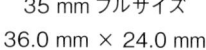

35 mm フルサイズ　　　APS-C サイズ　　　2/3 〜 1/3 型（インチ）
36.0 mm × 24.0 mm　23.5 mm × 15.8 mm　8.8 mm × 6.6 mm 〜
　　　　　　　　　　　　　　　　　　　4.8 mm × 3.6 mm

図 1・3　デジタルカメラに使用されている撮像素子のサイズ
　35 mm フルサイズの撮像素子は、主に、マニアやプロ向けのデジタル一眼レフカメラに使用されている。普及型のデジタル一眼レフカメラには、フルサイズの約半分の面積をもつ APS-C サイズの撮像素子が一般に使用されている。一方、顕微鏡撮影専用のデジタルカメラには、それらよりもさらに小さな面積の 2/3 〜 1/3 型（インチ）の撮像素子が一般に使用されている。

降の機種）を用いると、コンピューターの画面上で精確な焦点合わせをすることができる。そのために、ピントの良くあった高分解能な写真を簡単に撮影することができ、撮影作業も非常に楽である。とりわけ、バーチャル顕微鏡のように膨大な枚数の写真を効率よく撮影するためには、このリモート撮影機能は必要不可欠である。もちろん、高価な顕微鏡撮影専用のデジタルカメラをすでに所有していれば、それを使用することでまったく問題はない。

　一眼レフカメラを顕微鏡に取り付けて撮影する際に注意が必要なのは、デジタルカメラの撮像素子のサイズである（図 1・3）。単純に考えれば、フルサイズ（フィルムのサイズと同じ 36 mm × 24 mm）の撮像素子を搭載したデジタルカメラを用いて写真撮影すれば、小型の撮像素子を搭載したカメラを用いる場合と比べて、撮影する写真の枚数がはるかに少なくなるので、撮影の手間が省けて便利なように思える。しかし、最近の顕微鏡の多くが C マウント[*1-2]のアダプターを介してデジタルカメラを取り付けるようになっ

＊1-2　C マウントと呼ばれている規格は、レンズ交換式の機器にレンズを装着する際に用いられている規格である。C マウントは監視カメラとレンズ、顕微鏡とデジタルカメラなどを結合させる際などによく用いられている。

9

▶第1章　バーチャル顕微鏡システムの構築とその活用法

図1・4　顕微鏡撮影の際の「ケラレ」現象
いたずらに大型のCCDカメラを顕微鏡に取り付けて撮影すると、写真の周辺が暗くなる「ケラレ」と呼ばれる現象が生じる。これは対物レンズからの光がCCD全体をカバーできないために、写真の周辺の部分が暗くなる現象である。この場合には、明るさの問題だけでなく、写真の周辺の部分の像もボケている。同じ条件で、小さなCCDのカメラを用いて撮影する場合には、写真の中央の明るくてボケていない部分だけが写ることになるので、そのような問題が生じない。

ており、それらの顕微鏡に取り付けて使用する普及型デジタルカメラの撮像素子のサイズをみると、1/3インチ（4.8 mm × 3.6 mm）や2/3インチ（8.8 mm × 6.6 mm）のものが一般的である。つまり、最近の顕微鏡は小型の撮像素子のデジタルカメラを取り付けて撮影するような構造に設計されている。そのような顕微鏡に、無理やりに大型の撮像素子の一眼レフカメラを取り付けて使用すると、撮影された写真の周囲が暗くなったり（ケラレと言われる現象）、写真の周辺の部分がボケたりすることにもなるので注意が必要である（**図1・4**）。

著者らが実際に試したところでは、APS-Cサイズ（23 mm × 15 mm前後）の撮像素子を搭載した一眼レフカメラならば、Tマウントアダプター[*1-3]を

[*1-3]　Tマウントアダプターは、天体望遠鏡と一眼レフカメラを装着するのによく使われているアダプターである。同じように、顕微鏡に一眼レフカメラを取り付ける際などにも使われている。

10

1・3 バーチャル顕微鏡システム構築の実際

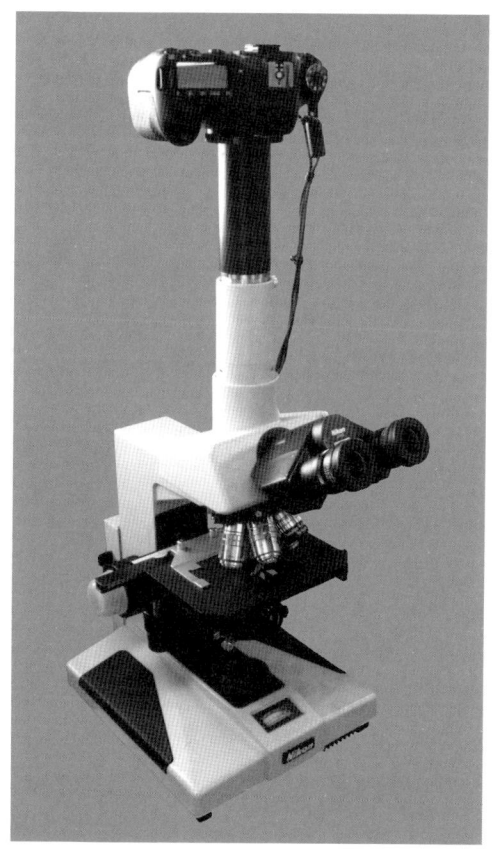

図 1・5　35 mm の撮像素子を用いたデジタルカメラで写真撮影をする方法
以前の 35 mm 銀塩フィルムカメラの撮影用に使用していたアダプターを介して、35 mm の撮像素子のカメラを顕微鏡に取り付けて使用すれば、ケラレの問題はなくなる。写真は Nikon 社の顕微鏡（Optiphoto）に 35 mm の撮像素子のカメラ（キヤノン社、EOS 6D）を取り付けた状態を示す。この方法を用いれば非常に高品質の写真の撮影が可能である。

介して一般の顕微鏡に取り付けて撮影しても、とくに大きな問題のないことがわかった。しかし、画質（色調や解像度など）の向上のために、どうしてもフルサイズの撮像素子のカメラで撮影したい場合には、以前に用いられていた 35 mm の銀塩フィルムカメラ用のアダプターを利用して、顕微鏡にカメラを取り付けて撮影するという方法がある（**図 1・5**）。その他の方法としては、一眼レフデジタルカメラの撮影の際に用いられるリアコンバージョンレンズ（一般に市販されている 1.4 倍や 2.0 倍のもの）を顕微鏡とカメラの間に装着する方法などもある。いずれの場合も、ケラレやボケは少なくなるが、撮影された像が拡大像になるので、写真の枚数を大きく減らすことには

▶第 1 章　バーチャル顕微鏡システムの構築とその活用法

あまり貢献しない。

　以上の結果から、デジタルカメラの価格と性能、そして、カメラを顕微鏡に取り付ける際の問題など、いろいろな条件を考慮すると、普及型で安価なAPS-Cサイズの一眼レフデジタルカメラを顕微鏡に取り付けて用いるのが、もっとも経済的で実用的な方法としてお薦めできる。

　また、デジタルカメラの画素数については、単純に考えれば、画素数の大きいものほど写真の解像度が増すと思われがちだが、必要以上に画素数を大きくしても無意味である。それは、標本の精細さや顕微鏡の対物レンズの分解能には限界があるので、カメラの画素数を多くしてもそれらの限界以上に解像度は良くならないからである。その一方で問題になるのは、画素数が大きくなるにつれて、1枚の写真に要するメモリーサイズが大きくなることである。それらの条件を考え併せて実用的な画素数を選ぶことが必要である。一般に、パラフィン切片の場合には500万画素程度もあれば十分で、電子顕微鏡観察用の標本作成に用いられるエポキシ樹脂の切片のように高精細な標本の場合でも、1,000～2,000万画素程度もあれば十分であろう。

　市販の一眼レフデジタルカメラでは、撮影された画像を無圧縮方式のTIFFやRAW、あるいは、圧縮したJPEGなどのファイルで保存するようになっている。撮影した写真の画像の劣化を抑えるためには、それらを無圧縮のTIFFやRAWファイルで保存することが望ましい。それは、非可逆圧縮方式のJPEG形式でいったん写真を保存してしまうと、圧縮に伴う画質の劣化が加わってしまい、劣化のない元の状態に再び戻すことができなくなるからである。その一方、無圧縮方式のファイルで保存した場合には、画質が劣化することはないが、写真の枚数が多い場合には、その総メモリーサイズが非常に大きくなってしまう。そのために、著者らは、写真の枚数が多くなる場合については、やむを得ないので、圧縮率をできるだけ抑えたJPEGファイルで保存している。

1・3・2　画像処理に必要なコンピューター

　大きな組織標本の場合や、高分解能で撮影した場合には、当然ながら、連

結された1枚の写真のメモリーサイズが常識では考えられないほど巨大になる。たとえば、1枚の写真のメモリーサイズが数ギガバイト（Giga byte、GB）から十数ギガバイトになることもしばしばである。とくに大きな標本になると、数十ギガバイトのサイズになることもある。その場合、32ビット（Bit）版のオペレーティング・システム（OS）のコンピューターで作業することは不可能である。それは、32ビット版のOSが認識して取り扱えるRAMメモリーのサイズは、一般に、約3ギガバイトが限度だからである。さらに問題なのは、32ビット版のソフトでは、扱えるメモリーサイズが1ギガバイト以下のものが多いことである。そこで、巨大なサイズの連結写真を取り扱うバーチャル顕微鏡システムを構築する場合には、64ビット版のOSのコンピューターと、64ビット版のソフトが必要になってくる。

　たとえば、64ビット版のWindows 7の場合には、Home Premium版では16ギガバイト、Professional版では192ギガバイトまでのRAMメモリーを認識できるので、64ビット版のProfessional版を用いれば十分な量のRAMメモリーを搭載することができる。当然ながら、RAMメモリーを多く搭載すれば、それに見合う大容量のメモリーサイズの写真まで取り扱うことが可能になる。また、もう1つの問題は、使用するソフトが32ビット版であるか、あるいは、64ビット版であるかということである。たとえば、今回使用するImageJ（後述）の場合、32ビット版だと900 MBくらいまでのデータしか扱えず、それを超えるとメモリーエラーを起こしてしまう。一方、64ビット版のImageJならば、搭載したRAMメモリーのサイズに依存した大容量のデータを取り扱うことが可能になる。それゆえ、大容量のメモリーサイズの写真を扱うには、64ビット版のOSと64ビット版のソフト、そして、扱う写真のメモリーサイズに見合ったRAMメモリーが必要になってくる。また、処理する作業内容によっては、一度に扱うデータ容量の2倍以上のサイズのRAMメモリーが必要になる場合もあるので、注意が必要である。

　実際の処理作業を行う際に、膨大な容量のデータをコンピューターに処理させると、それに多くの時間を要することになる。それゆえ、ここで用いるコンピューターには、できれば、計算処理能力が高くて安定性に優れたワー

▶第1章　バーチャル顕微鏡システムの構築とその活用法

図1・6　ワークステーションの例
今回のように巨大なサイズの写真データを処理する際には、64ビットのOSと、計算処理能力に優れたワークステーションと呼ばれているコンピューターがあれば便利である。最近はマルチコアのワークステーションがたいへんに安くなったので、それを利用すると便利である。写真はHP社のワークステーションのZ800を示す。

クステーションと呼ばれるタイプのコンピューターがあれば便利である（図1・6）。ワークステーションには、安定性と計算処理能力に優れたXeonと呼ばれるCPUが使われており、現在、合計24コアのCPUを搭載したワークステーションまで市販されている。そのような計算処理能力に優れた機種を用いれば、今回のような膨大なデータを扱う作業を比較的に短時間で行うことが期待できる。幸いなことに、最近では、64ビット版のOSを搭載したマルチコアのワークステーションの価格が下がって購入しやすくなったので、それに多量のRAMメモリーを搭載して使用すれば万全である。ワークステーションは一般のコンピューターよりも高価であるが、それを格安で手に入れるには、中古販売されているワークステーションを購入するという方法がある。その場合、コンピューターグラフィック専用のグラフィックカードが取り付けられているものを購入すれば、後の章で紹介する立体モデル作成の際にも威力を発揮することになる。

1・3・3　撮影された連続写真の修正

撮影された連続写真が一様にきれいなものであるならば、そのまま、次の連結作業に進んでも問題はない。ところが、場合によっては、標本の染色のムラや顕微鏡の調整不良などにより、写真の色調や明るさなどに不揃いが生

じたり、撮影時のケラレにより写真の周囲に暗い部分が生じたりすることもある。それらの状態がひどくなければ、連結された写真に目立った影響が生じることはない。それは、連結用のソフトにいくつかの画像修正機能が組み込まれているからである。つまり、ある程度の色や明るさのムラならば、連結処理の際に自動的に修正されるので、その影響が目立つことはない。しかし、撮影された写真の段階で色調のムラやケラレなどが目立つ場合には、連結後の写真にそのムラによる影響がでてしまうことがある（図1・7）。それを避けるためには、連結前の段階で写真に見られる顕著な色調のムラやケラレなどはできるだけ修正しておく必要がある。

その場合、少ない枚数の画像修正ならば、それを手作業で行ってもたい

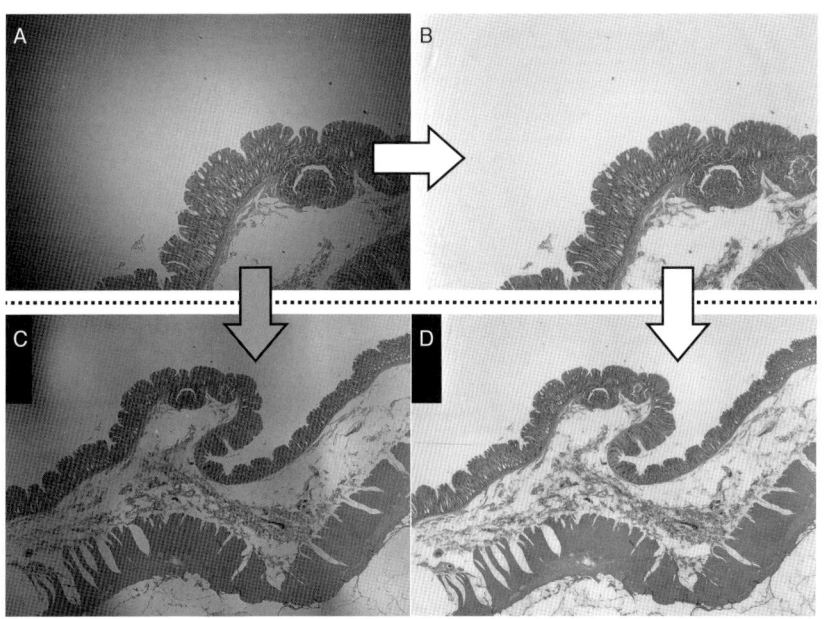

図1・7　画像修正後の連結
　　Aはケラレのある写真を示す。このように明暗や色にムラのある写真をそのままの状態で連結すると、連結された写真にも明暗や色のムラが生じてしまう（C）。一方、ケラレの部分をImageJで画像修正（B）してから連結すると、その影響はほとんど見られなくなる（D）。写真の明暗や色のムラはImageJのsubtract background機能を用いて修正した。

▶第 1 章　バーチャル顕微鏡システムの構築とその活用法

した手間にはならないが、膨大な枚数の写真を手作業で修正するのは非常にたいへんである。できれば、その作業をコンピューターで一括処理できる方法があると便利である。そこで役に立つのが、画像処理用のフリーソフトとしてよく知られている ImageJ である。ImageJ はパブリックドメインとして世界中の多くの人たちに利用されている高機能な画像処理ソフトで、Windows、Mac、Linux 用に 32 ビット版と 64 ビット版が公開されている。このソフトには膨大な数のプラグインソフトが公開されているので、それらを必要に応じて利用すれば、あらゆる種類の画像処理が可能である。しかも、ImageJ の機能には、数多くの連続写真をスタック（Stack）として一度に読み込んで、それらの色調やコントラストなどを一括処理で修正したり、連続写真の画質を均一化したりする機能（たとえば、画像の Adjust や Stack Contrast Adjustment 機能など）がある。

　ImageJ を用いて連結前の連続写真の色調を一括して修正するには Adjust 機能が便利なので、その操作法について簡単に述べる。連続写真をスタックとして ImageJ に読み込むには、メニューバーの *File* メニューから *Import* を選び、次に *Image Sequence* を選択してフォルダー内の連続写真をすべて開く。開かれた写真の色調を Adjust 機能で修正するには、メニューバーの *Image* から *Adjust* を選んで、その中の *Brightness/Contrast* 機能を選択する。そして、現れたウインドウの値を任意に設定して、ちょうど良い色調の画像になったら *Apply* をクリックする。そうすれば、その設定による画像修正がすべての写真に適用され、一括した画像修正が行われる。

　また、ケラレによる周囲の暗い部分が気になる場合には、連続写真を Subtract Background 機能を用いて修正すると、連結された写真の色調のムラが目立たなくなる（図 1・7A、B）。Subtract Background 機能は、メニューバーの *Process* を選んで、そこから *Subtract Background* を選択して OK を押せば、すべての写真のケラレによる周囲の色ムラがいっせいに修正されて目立たなくなる。ほとんどの場合においては基本設定のままで問題ないが、設定画面にある *Rolling ball radius* の値を変えると修正される状態が変化するので、試行錯誤でその値を設定することにより、さらに良い状態に修正する

ことも可能である。しかし、この機能で修正すると、わずかであるが画質の異常（劣化）が生じるので、とくに修正なしでも気にならない程度の色調のムラならば、あえて使用する必要はないであろう。この他にも、ImageJ のプラグインの中には画像修正に便利な機能がいくつもあるので、それらを試してみることをお勧めする。

1・3・4　連続写真の連結（Stitching）

バーチャル顕微鏡のシステムを作り上げるためには、高解像度のきれいな写真を撮影することが大事であることはもちろんだが、それにも増して、撮影された膨大な数の写真を再現性よく精確につなぎ合わせることができるかどうかが重要なカギになる。ここでは、簡単な操作で、膨大な数の連続写真を精確につなぎ合わせるしくみとその方法を紹介する。

▶ 複数の写真を継ぎ目なく連結する際のしくみ

一部が重複した2枚の顕微鏡写真でさえも、一般の画像処理ソフトを用いて手作業で連結するにはかなりの手間がかかる。ましてや、膨大な数の写真を手作業で継ぎ目なく連結するのは現実的には不可能である。ところが、最近、コンピューターの性能（データ処理速度や扱えるメモリーサイズの増加など）や画像認識の技術の発達に伴い、膨大な数の写真を継ぎ目なく連結する作業がコンピューター処理により非常に素早く、しかも、簡単にできるようになった。

その作業には最近の画像認識の技術がいくつも用いられている。どのような技術により、コンピューターが写真を認識して、その中から隣り合った写真どうしを精確に連結しているのか、以下にそのしくみを簡単に紹介する。コンピューターが複数の写真を連結する作業で最初に行う処理が、連結されるそれぞれの写真の特徴を数値化することである。その際に用いられるのが特徴点（Local feature point）と、それに付随した特徴量（Image feature）と呼ばれる数値である（図1・8）。それらの数値を抽出する作業で一般に用いられているのが SIFT（Scale Invariant Feature Transform）や SURF

▶第 1 章　バーチャル顕微鏡システムの構築とその活用法

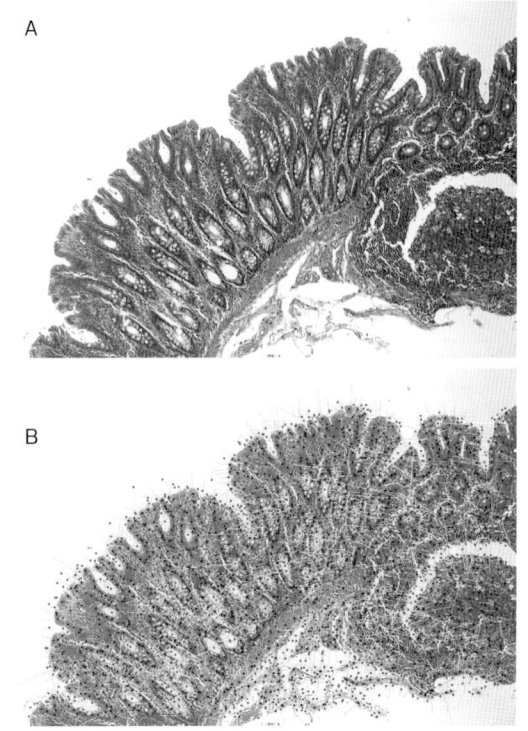

図 1・8　特徴点と特徴量の抽出
写真 A の特徴点と特徴量を ImageJ のプラグインソフトの SURF を用いて抽出処理した結果を示す。抽出処理をされた特徴点が写真 B に小さな無数の点として示されている。そして、各点から伸びる直線（この写真では見えにくい）が特徴量を表している。

（Speeded-Up Robust Feature）と呼ばれるアルゴリズム（演算処理）である。その際の特徴点の抽出は、その近傍で色や濃淡に顕著な変化が見られる点が選ばれる。さらに、その特徴点の周辺領域の情報が調べられ、画像に拡大や縮小、移動、回転、明るさなどの変化が生じても、それらに影響を受けないような頑健（robust）な数値としての特徴量が抽出される。

　次に、統計的な手法を用いてそれぞれの写真上の特徴点と特徴量を比較することにより、写真どうしのマッチングが行われる。その作業では、重複する領域をもつ写真どうしの選別や、それぞれの写真の位置関係などが検出される（**図 1・9**）。この位置合わせの際に、よく用いられているのが SIFT や RANSAC（RANdom SAmple Consensus）と呼ばれるアルゴリズムである。特徴点と特徴量が抽出された写真は、それぞれの重なる部分が検出されて、

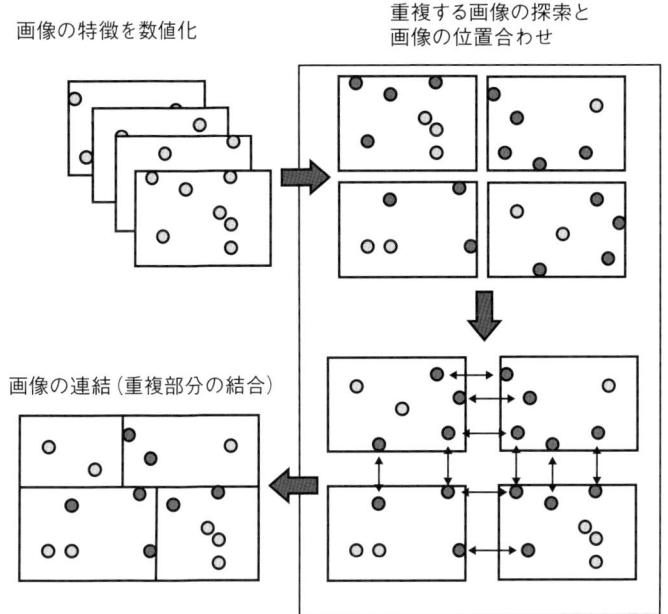

図1・9 コンピューターによる画像の連結作業の概略
最初に、SIFT、SURFなどのアルゴリズムを用いて、それぞれの写真の特徴点と特徴量を抽出し、画像データを数値化する。次に、SIFTやRANSACなどのアルゴリズムを用いて、それぞれの写真に含まれる特徴点の中から、互いに対応する点(小さな矢印)を探索して検出する。そして、対応する特徴点の間の距離の平均が最小となる位置で写真を連結する。

その部分で精確に連結される（図1・10）。位置合わせが確定した写真は、サイズ、ゆがみ、角度のズレなどがアフィン変換（Affine transformation、図1・11）と呼ばれるアルゴリズムを用いて補正され、それぞれの画像にサイズ、ゆがみ、角度のズレなどがあっても、それが目立たないように修正されて、重複部分がぴったりと合うように精確に連結される。さらに、連結される画像間に見られる色調の違いなども修正され、継ぎ目の色ズレが目立たないように連結される（図1・12）。以上のような写真の連結作業が繰り返されることにより、多数の写真が精確に連結され、継ぎ目のない巨大なサイズの一枚の写真が作り上げられる。

▶第1章 バーチャル顕微鏡システムの構築とその活用法

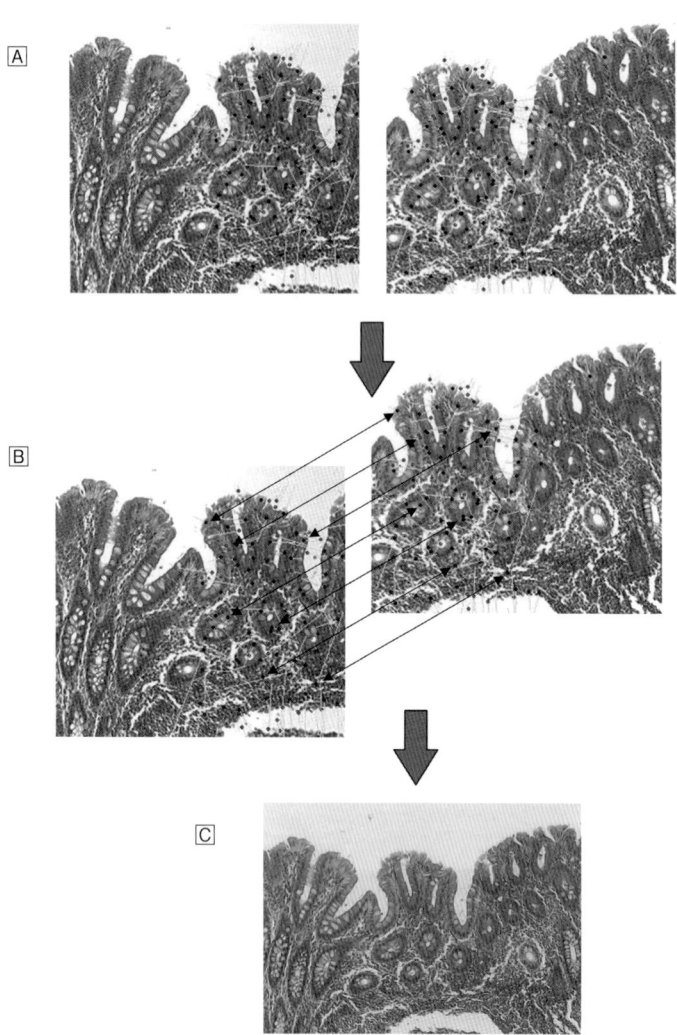

図1・10 特徴点のマッチングの実際
　特徴点や特徴量が抽出された画像の数値データをもとに、隣り合った2枚の写真が選ばれ（A）、それらの間の重複する特徴点をもとに両者が精確に重ね合わされ（B）、継ぎ目がわからないように連結される（C）。

1・3 バーチャル顕微鏡システム構築の実際

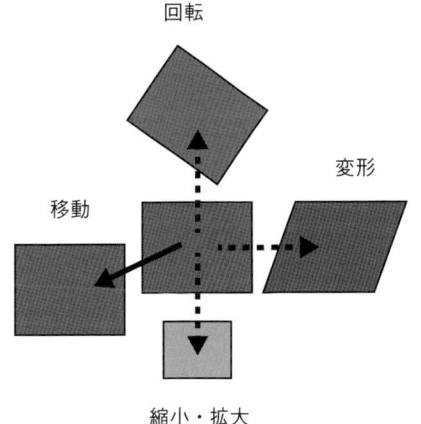

図1・11 アフィン変換
アフィン変換により行われる画像補正の例を模式的に表したものである。隣り合った写真を継ぎ目がないように精確に連結させるために、それぞれの写真のサイズ、ゆがみ、そして、角度などがこの機能により補正される。

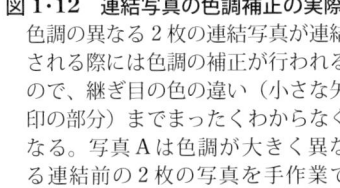

図1・12 連結写真の色調補正の実際
色調の異なる2枚の連結写真が連結される際には色調の補正が行われるので、継ぎ目の色の違い（小さな矢印の部分）までまったくわからなくなる。写真Aは色調が大きく異なる連結前の2枚の写真を手作業で重ねたものである。写真Bはコンピューターによる連結処理後の同じ部分を示す。

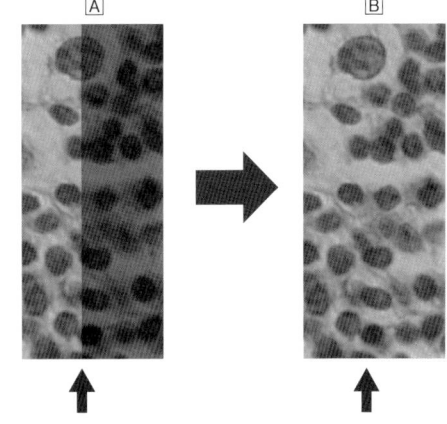

▶写真連結用のソフトと連結の実際

以上に述べたような技術を用いて連続写真を精確に連結するためのフリーソフトはいくつも公開されている。それらは、連続撮影された風景写真を精確につなぎ合わせ、大きな1枚のパノラマ写真を合成するためのソフトとしてよく知られている。まさしく、今回の顕微鏡写真の連結作業にはぴったり

21

▶第1章　バーチャル顕微鏡システムの構築とその活用法

図1・13　画像連結ソフトのICEのスクリーンショット
ICEの画面上に連結したいファイルをドラッグアンドドロップするだけの簡単な操作で、ほとんどの場合において、問題なく写真の連結が達成される。組織の形によっては連結に失敗する場合もあるが、その場合には、左下の隅にある*Camera Motion*（矢印）を変えて再連結させるとうまくいく場合がある。

のソフトである。しかしながら、それらのソフトを顕微鏡写真の連結用として試してみたところ、今回の目的に利用できるものは少なかった。それは、ほとんどのソフトが今回の目的のように膨大な数の写真を連結することを想定していないからである。数少ない写真の連結ならば、どのフリーソフトを用いても問題なく連結することができたが、今回のように、数百枚にも及ぶような膨大な数の写真を連結させるためには、どのソフトでもできるというわけにはいかなかった。著者らは、このようなハードな作業に耐えうるパノラマ写真合成用のソフトがあるかどうか、公開されている数多くのフリーソフトを試してみた。その結果、操作の簡便性、動作の安定性、そして、連結の精確性などから、Microsoft社から公開されているICE（Image Composite Editor）と呼ばれるフリーソフトが今回の目的に十分に利用できることがわかった（図1・13）。

22

1・3 バーチャル顕微鏡システム構築の実際

　このICEは、同一地点から撮影された複数の写真をもとに、パノラマ写真を合成するソフトで、Microsoft社の研究部門であるMicrosoft Researchからフリーソフトとして公開されている。このソフトはWindows XP、Windows Vista、Windows 7などに対応しており、32ビット版と64ビット版が公開されている。このソフトの操作は非常に簡単で、連結したい写真をまとめてドラッグアンドドロップするだけで、膨大な数の写真を精確に連結することができる。しかも、連結する写真のサイズが異なっていても問題なく連結することができる非常に便利で優れたソフトである。そして、連結後の写真は任意にトリミングした後、JPEG、Adobe Photoshop、TIFF、BMPなどのファイル形式で保存することができる。このICEを利用すれば、簡単な操作でバーチャル顕微鏡に必要な連結写真を作成することができる。しかも、今回の場合には、64ビット版を利用すれば、バーチャル顕微鏡に必要な巨大なサイズの写真の合成も可能である。しかしながら、どんなに高性能なソフトでも、その能力には限界があり、連結作業がうまくいかない場合もある。そのような場合、著者らの経験では、少しの工夫を加えることによりどのような組織でも問題なく連結写真を作ることができた。以下に、ICEの基本的な性能や、そのソフトを用いて行った連結作業の実際を紹介する。それとともに、その中で連結の難しかったいくつかの例と、その具体的な解決策についても述べる。

　ICEで連続写真を精確に連結するためには、隣り合った写真どうしをどのくらいの割合で重複させて撮影する必要があるか検討した。その際には、隣り合った4枚の写真どうしを2.5％、5％、10％、20％、30％の割合で重ねて撮影し、どの程度の重なりがあれば、ICEはそれらの4枚の写真の位置関係を判別して、精確に連結することができるか試した（図1・14）。その結果、著者らが用いた組織標本の写真では、2.5％の重複では、4枚の写真をまったく連結することができなかった。5％の重複では、上の2枚の写真だけを連結することができたが、下の2枚の写真は連結できなかった。そして、10％以上の重複があれば、4枚の写真をすべて精確に連結することができた。隣り合った写真どうしの重複の割合がどのくらい必要であるかは、組織標本の

23

▶第1章 バーチャル顕微鏡システムの構築とその活用法

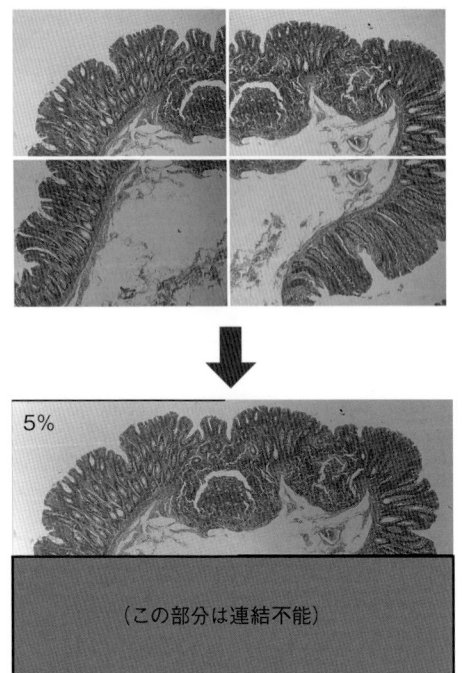

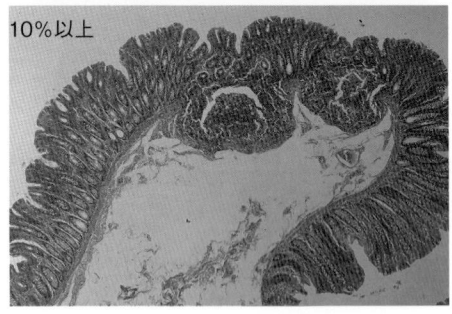

図1・14 写真の重複と連結の可能性
撮影した4枚の写真で試したところ、それぞれの写真の重複部分が5％程度でも、左右の写真どうしはどうにか連結することができたが、上下の写真を連結することはできなかった。一方、重複部分が10％以上になると、左右と上下の写真ともに正確に連結することができた。

構造の違いにもよると思われるが、著者らの経験では、ほとんどの組織において、左右と上下の写真どうしが20〜30％程度に重複していれば、問題なく連結することができた。つまり、連続写真を撮影する際には、モニター画面に映る像を20〜30％ずつ重複させながら、顕微鏡のステージを移動して撮影すれば問題ないということである（図1・15）。その際には、写真の撮影ごとに組織標本に焦点を合わせなくても、連続写真の1列ごとにその列の最初の写真だけに焦点を合わせれば、ほとんど問題なかったが、しばしば標本の一部がスライドガラスから浮き上がっている部分もあるので、できれば、毎回の撮影時に焦点を確認することが望ましい（図1・16）。そうすれば、少し手間はかかるが、全体に焦点のあった見事な連結写真ができ上がる。

ほとんどの組織標本では、このようにして撮影された写真を問題なく連結することができたが、いくつかの特別な場合にお

1・3 バーチャル顕微鏡システム構築の実際

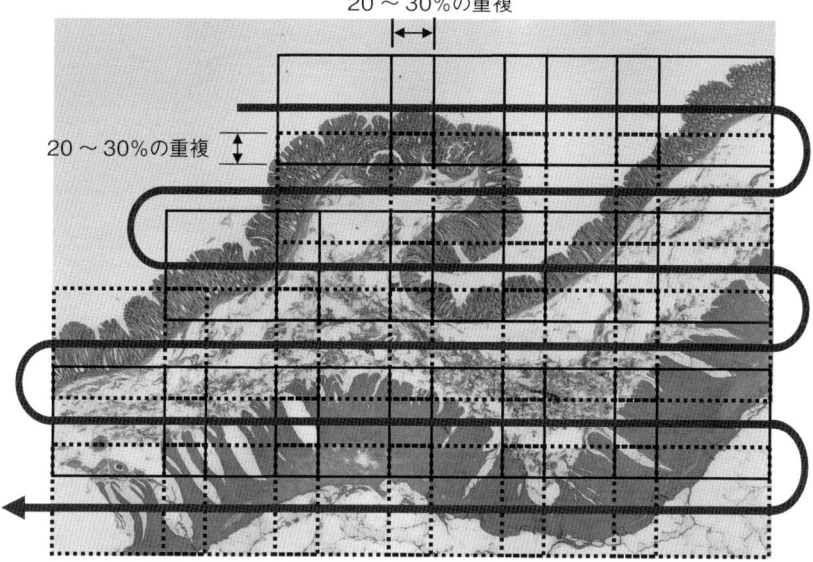

図 1・15　組織を撮影する際の撮影方向の例
　撮影される写真のそれぞれについて、左右と上下ともに 20 〜 30％くらいずつ重なるように顕微鏡のステージを移動させながら連続して撮影する。

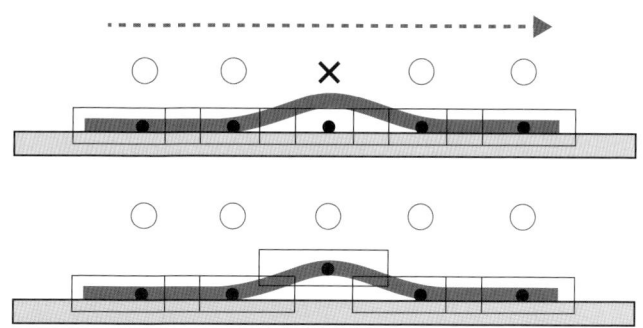

図 1・16　プレパラート標本の撮影
　スライドガラスに張り付いている切片はしばしば波打っている場合があるので、焦点を固定したままで撮影すると波打っている部分がボケてしまう。ピントの合ったきれいな写真を撮影するためには、できれば、撮影のたびごとに焦点を確認することが望ましい。

▶第1章　バーチャル顕微鏡システムの構築とその活用法

いて、連結作業がうまくいかない場合もあった。以下に、著者らが経験した連結の失敗例とその解決策を紹介する。

　その1つは、眼球のように中空で薄い壁からなる円状の構造の場合である。一般に、このような形状の構造では連結が難しいようである。おそらく、水平に展開する景色のパノラマ写真を作成することを目的としたソフトのアルゴリズムでは、曲線の壁からなる円形の構造を認識してそれを精確に連結することが難しいのであろう。実際に眼球を撮影した連続写真を一度に連結しようとすると、連結された構造が異様なものになってしまった。このように連結に失敗した場合でも、設定項目の *Camera motion* の設定を変えると問

すべての写真を一度に
連結した場合の失敗例

一部が重複する3つのパーツに分けて連結

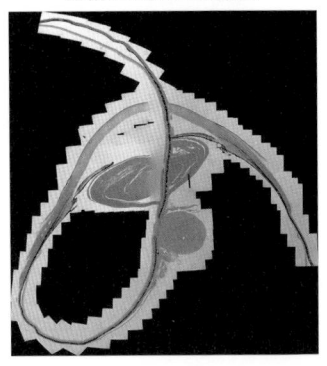
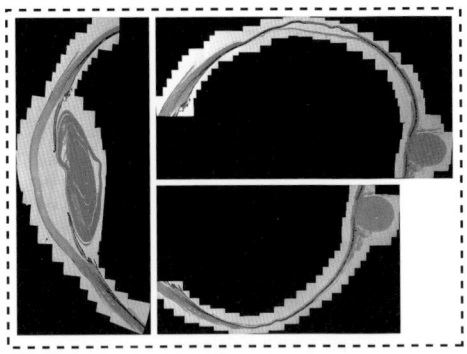

3つのパーツを連結

図1・17　眼球の連結
　眼球のように薄い壁からなる丸い構造物の連結は、そのままではコンピューターによる連結が難しい。眼球全体の構造を一度に連結しようとすると失敗してしまう。そこで考えたのが、最初に、眼球を一部が重複する3つのパーツに分けて連結し、次に、それらの3つのパーツを1つに連結するという方法である。その結果、眼球のような構造でも精確に連結することができた。

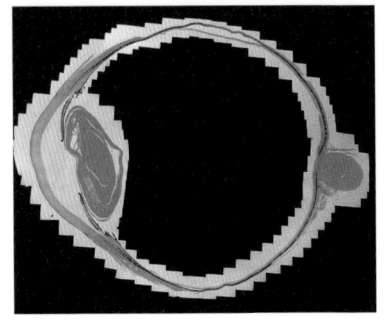

26

題なく連結できる場合もあるので、眼球の場合にも、その設定をいろいろと変えて試してみたが、残念ながら、どの設定でもうまくいかなかった。そこで、この問題を解決するために著者らが考案したのは、最初のステップで、互いの領域が一部重複する3つのパーツに分けて連結し、次のステップでそれら3つのパーツを1つに連結するという、2ステップによる連結の方法である。その結果、眼球を問題なく連結することができた（**図1・17**）。ICEは連結する写真のサイズが異なっていても問題なく連結処理できるので、3つのパーツのサイズや形が同じでなくても、互いに重複する領域が30％くらいあれば問題なく連結することが可能である。

　もう1つの例は、鼓膜のように1本の細い線状の構造からなる組織の場合である。この場合も、何度試みても、鼓膜の細い1本の線が認識されずに、鼓膜全体を精確に連結することができなかった。そこで、著者らは鼓膜の線に沿って1本の線をマジックペンでプレパラートに書き込んだ。この方法は、鼓膜の線とマジックペンの線を一緒に撮影することにより、鼓膜の細い線の位置関係をコンピューターに精確に把握させようとしたものである。つまり、コンピューターは鼓膜の細い線だけではその位置関係を認識できないので、それに他の構造のデータ（特徴点）を加えて鼓膜の位置関係を判断させようとしたわけである。その結果、鼓膜は問題なく精確に連結された。そして、連結後にマジックペンの線を画像処理ソフトで取り除けば完成である（**図1・18**）。

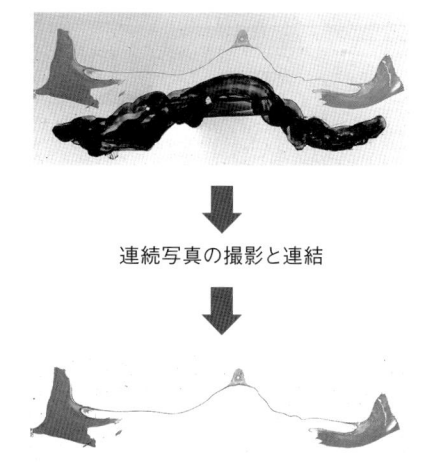

図1・18　鼓膜の連結
細い線のような構造の鼓膜をコンピューターが間違いなく連結できるようにするために、鼓膜に沿ってマジックペンで線を引く。撮影の際には、そのマジックペンの線と鼓膜を一緒に撮影する。そして、連結した後に、マジックペンの線を画像処理ソフトで消せば完成である。

▶第1章 バーチャル顕微鏡システムの構築とその活用法

　ついでに、よくある失敗例とその解決策を紹介する。それは、標本を連続撮影している際にふとした弾みで一部の撮影を忘れてしまう場合である。その場合、連結された写真の中に黒い穴（写真が抜け落ちた部分）が空いてしまう。それを修復するには、その抜け落ちた部分の写真を後で撮影し、連続写真のフォルダーに追加してからもう一度連結操作を行うだけでよい。この際には、追加する写真をフォルダー内のファイルの最後尾に追加するだけで、その写真は抜け落ちた部分に精確にはめ込まれる（**図1・19**）。

　以上のような注意点を踏まえて連結作業を行えば、ICE は非常に膨大な数の写真でも問題なく連結することができる。たとえば、著者らの実績では

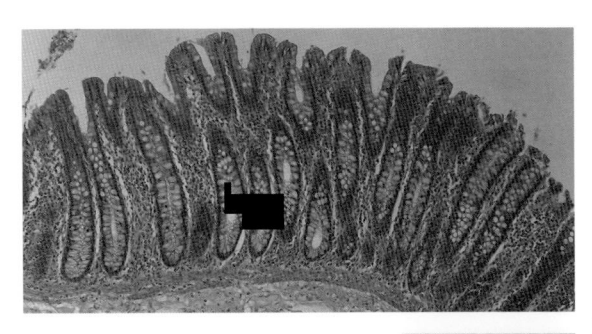

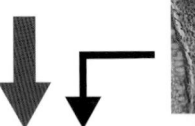

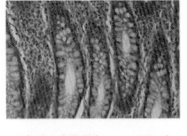

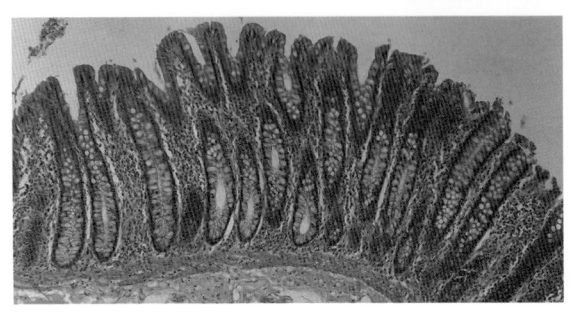

図1・19　連続撮影の際に撮り忘れた部分の追加
膨大な枚数の連続写真を撮影している間には、ふとした弾みで、一部の写真を撮り忘れてしまうこともある。そうすると、連結後の写真の中に、撮り忘れた部分の黒い穴が空いてしまう。そのような場合には、欠けた部分の写真を撮り直してから、それを連続写真の最後尾に追加し、再度、連結処理をすればその穴を簡単に塞ぐことができる。

追加撮影した写真

28

1800万画素で撮影した約1200枚のJPEGのカラー写真[*1-4]を問題なく一度で連結させることができた。もし、膨大な数の連結作業に問題が生じた場合には、前述した眼球の場合のように、最初にいくつかの部分に分けて連結（互いに一部が重複するように連結）してから、次に、それらを連結するというような2ステップの作業を行えば、問題なく連結することができるであろう。

　ソフトの操作や機能上の問題以外にも、膨大な数の写真を連結する際に大きな障害となる事態がある。それは、コンピューターに搭載されているRAMメモリーのサイズに関係する問題である。解像度の高い写真を数百枚も連結する場合には、写真がJPEGで圧縮されている場合でも、写真の総メモリーサイズは数ギガバイトにもなってしまう。しかも、それが展開されるとさらに大きくなり、数十ギガバイトになってしまうこともある。このことが連結作業や連結された後の画像修正の際に重大な問題となる。それは、連結と画像修正の作業が写真を展開した状態（無圧縮の状態）で行われるからである。つまり、写真の連結と修正作業が問題なく行われるためには、それに必要とされる膨大な量のRAMメモリーがコンピューターに搭載されていなければならない。

　ICEによる連結作業は、コンピューターのRAMメモリーのサイズの範囲内であるならば、常識を外れたような大きな写真でも連結することができるので、各自が目標とする大きさの写真に応じてRAMメモリーを増設しておけば、連結作業には問題が生じないであろう。その場合、目的とする画像を展開した時のファイルサイズの2倍以上のRAMメモリーを搭載しておく必要があると思われる。また、その際に、忘れてはならないことがある。それは、ICEやImageJなどの消費限界メモリーサイズの設定を、搭載されたメモリーのサイズに応じて変更しておくことである。つまり、それらのソフトの設定メニューを開いて搭載メモリーに近い値まで消費限界メモリーサイズの値を上げておく必要がある。一般に、初期設定の状態では、消費限界メモリーの値は低い値に設定されているので、その値を増設したメモリーのサイズに応

[*1-4] 無圧縮時には50ギガバイトくらいになる。

▶第 1 章　バーチャル顕微鏡システムの構築とその活用法

じて上げておかないと、いくら多量のメモリーを搭載していても意味がないことになる。ICE のメモリーサイズの設定は、*Tools* を選んで、*Options* を選択すると *Memory consumption limit* の画面が出てくるので、そこのメモリーの値を変更する。ImageJ のメモリーサイズの設定は、メニューバーの *Edit* を選んで、*Options* を選択し、次に、*Memory & Threads* を選ぶと *Maximum memory* が現れるので、その値を変更する。

　ICE の機能で困った問題が 1 つある。それは、連結した後の写真があまり大きくなると、ファイルの保存形式に制限が生じて、連結後の写真を JPEG ファイルで保存することができなくなってしまうことである。その結果、あまりに大きくなりすぎた連結後の写真は Adobe Photoshop ファイルでしか保存できなくなる。この形式は無圧縮なので巨大なサイズになり、その取り扱いが非常にたいへんになる。可能ならば、連結写真は JPEG ファイルで取り扱うのがベストである。

　おそらく、このような問題が生じるのは、通常のパノラマ写真では想定しなかったような、異常に大きな写真ファイルを扱うが故のものであろう。しかしながら、この問題についてはいくつかの解決策がある。たとえば、JPEG ファイルとして保存できるまで、不要な部分をトリミングしてサイズを小さくするか、保存する写真の *Scale* の割合（％）を下げて写真のサイズを縮小するか、あるいは、大きなファイルを 2 つに分けて保存するというような方法などがある。また、ICE は、標本の縦横比の違いにより異なるが、1～2 ギガバイトくらいまでならば JPEG ファイルで保存することができる。その場合、たとえば、JPEG で保存できる約 2 ギガバイトの写真は展開すると約 30 ギガバイトくらいの大きな写真になるので、通常のプレパラート標本の観察ならば、その程度まで大きな連結写真を作成できれば実用上においてほとんど問題ないと思われる。

　このようなメモリーサイズの問題を避けるには、標本の撮影が完了した段階で、写真の総メモリーサイズの調整を行うのが良いと思われる。その作業は ImageJ を用いれば簡単にできる。撮影された連続写真を ImageJ に読み込む際に表示される *Sequence Option* のウインドウに写真の総メモリーサイ

ズ（JPEG の場合は展開した時の値）が表示されるので、その値を見ながらメモリーサイズを調整する。その際には、*Sequence Option* のウインドウにある *Scale Images* の値（％）を下げると、読み込む写真の解像度が下がって総メモリーサイズの値が減少するので、手持ちのコンピューターで扱える範囲内までメモリーサイズを減らすことができる。また、ICE で連結した写真を JPEG で保存できるメモリーサイズの限界は 2 ギガバイト前後なので、その値も考慮して ImageJ による写真の総メモリーサイズの調整を行う必要がある。

▶ **連結された巨大写真の画像修正**

連結された写真を見ると、その作業中に色調などの自動修正が加わるために、色やコントラストが連結前のものとは少し異なってしまう場合もある。その場合には、でき上がった連結写真の色の調整やコントラストなどを修正する必要が生じる。また、眼球のように、その中央部に何も無い組織を撮影する際には、構造の無い領域の撮影を省くために、その部分が連結後の写真に黒い領域として残ってしまう（図 1・20）。同様に、どの組織の場合においても、連結後の写真の周辺部には撮影してない領域が必ず存在するのでその部分が黒く残る。このような場合、黒く残った領域をそのままにしておいても実用上はまったく問題がないが、全

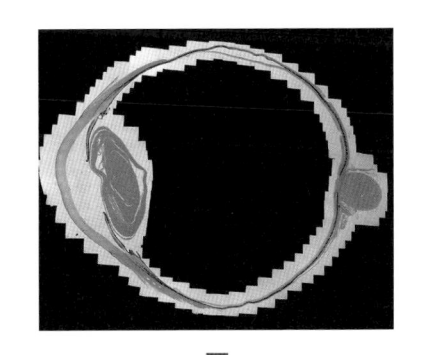

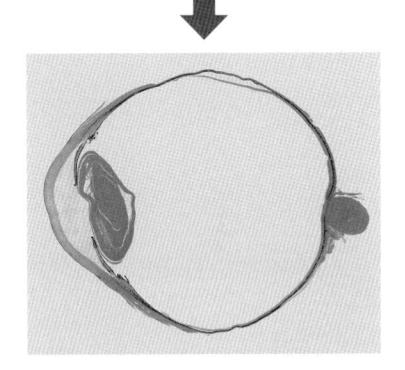

図 1・20 連結後の画像修正
眼球のように組織内部が空白の領域は撮影しないので、連結後の写真には、それらの領域が黒く残る。実際の観察にはそれでも問題はないが、気になるようであれば、連結後にそれらの黒い部分を背景色と同じ色で塗りつぶす。

▶第 1 章　バーチャル顕微鏡システムの構築とその活用法

体として見た場合には見苦しい写真になってしまう。それを修正するために
は、連結後の写真の内部や周囲の黒い領域を背景色（通常は白色）と同じ色
で塗りつぶして、目立たなくする作業が必要になる。

　ところが、連結された巨大なサイズの写真を展開するとメモリーサイズ
が数ギガバイトから十数ギガバイトにも達する場合が多いので、その写真
の画像修正を行うには、多くの RAM メモリーの搭載と、64 ビット版の OS
がインストールされたコンピューターが必要になる。それとともに、巨大
なサイズの写真を処理できる 64 ビット版の画像編集・加工用のソフトが必
要になる。たとえば、定番の画像処理ソフトである Adobe Photoshop を用
いる場合には、64 ビット版対応の CS4 以上のバージョンのものが必要にな
る。しかし、後述するように、ICE で保存したファイルを Adobe Photoshop
で開くと写真に異常がみられることから、ICE で連結した写真の画像処理に
Adobe Photoshop を使用するのは難しいと思われる。ところが、幸運なこと
に、64 ビット版の Adobe Photoshop がなくとも、基本的な画像処理が可能
なフリーソフトがいくつもあるので、それらを利用すれば、巨大な写真の
画像修正は問題なく行うことができる。それらのフリーソフトの中でもよく
知られている高機能な画像処理ソフトが、GIMP（GNU Image Manipulation
Program）と呼ばれるソフトである（図 1・21）。GIMP は JPG、BMP、TIFF
など、一般の画像ファイルとして用いられている形式をすべて扱うことがで

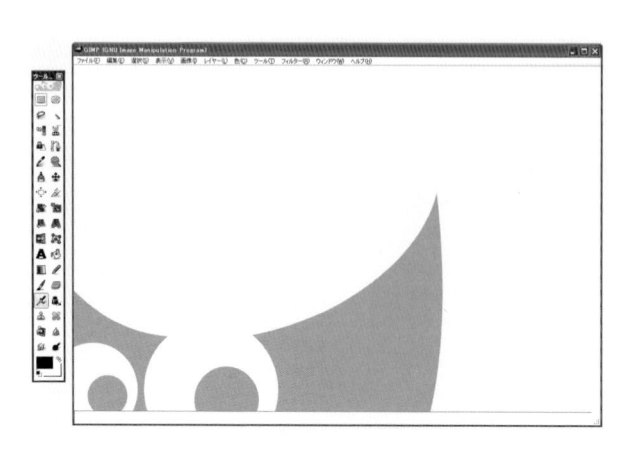

図 1・21　画像処理ソフトの GIMP のスクリーンショット
日本語版のものも公開されているので、それを使用すると便利である。

き、32 ビット版と 64 ビット版の OS に対応している。しかも、この GIMP は Adobe Photoshop の基本的な機能のほとんどを備えているので、バーチャル顕微鏡用の巨大な写真にさまざまな画像処理を加える場合には、このソフトがあれば十分である。GIMP の他にも、巨大な画像ファイルを扱える 64 ビット版のフリーソフトはいくつかあるが、その機能と操作性などを考慮すると、GIMP が最もお薦めのソフトである。

　さらに、今回のバーチャル顕微鏡用の連結写真を画像処理するためのソフトとして GIMP が重要な役割を果たす理由は他にもある。それは、ICE で保存した巨大な連結写真を問題なく扱えて画像処理ができるのは GIMP しかないからである。原因は不明であるが、ICE で連結処理した巨大な写真を Adobe Photoshop ファイルや JPEG ファイルで保存し、それらを Adobe Photoshop の CS 6 で開くと写真が乱れてしまう。一方、ICE で保存した JPEG ファイルは GIMP で正常に見ることができ、画像修正も問題なく行うことができる。しかし、残念なのは、ICE で保存した Adobe Photoshop ファイルは GIMP で開くことができない。この点も原因不明である。以上の理由から、ICE で連結した写真を JPEG ファイルで保存し、それを GIMP で画像処理するという組み合わせがお薦めである。

　ここでは、ICE の連結処理により引き起こされる画像の異常の例を示し、それを GIMP で修正する方法を紹介する。一般に、写真撮影用のデジタルカメラには、ホワイトバランスや明るさの自動調節機能が付いているので、その機能が災いする場合もある。たとえば、標本によっては、撮影された写真の背景色の色調にバラつきが生じることがある。それらの写真をそのまま連結すると、連結された写真全体に明るさや色の傾きが強調されて生じる場合がある。このような現象が起こるのは、標本撮影用のデジタルカメラの自動調節機能だけでなく、ICE による色調や明るさなどの修正機能にも原因があると思われる。この場合、連結写真の明るさや色の異常を通常の簡単な方法で画像修正するだけでも、実用上、ほとんど問題にならない程度に修正することができる。ところが、GIMP を用いれば簡単な方法でさらに高度な画像修正をすることができるので、その方法を紹介する。

▶第 1 章　バーチャル顕微鏡システムの構築とその活用法

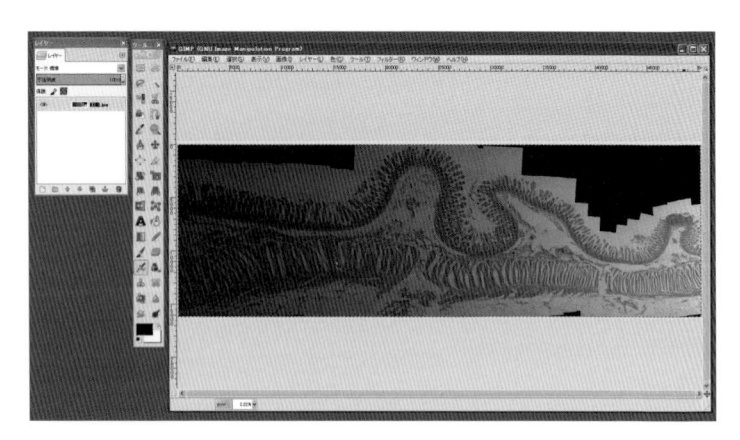

図 1・22 ①　色の傾きがある連結写真の読み込み
　明るさや色に傾きが生じた連結写真を GIMP に読み込んだ際のスクリーンショットを示す。写真の左右方向に色の傾きが見られる。

図 1・22 ②　新たなレイヤーに作成された色の傾き
　連結写真に生じた色の濃淡の傾きと逆の方向に作成された黒色の濃淡の傾きを示す。色の濃淡の作成方法は、この他にも、連結写真の左右の背景色をスポイト機能ですくいとって、それらの 2 色からなる色の濃淡の傾きをレイヤーに作成して用いる場合もある。

　まず、明るさや色の傾きが目立つ連結写真を GIMP に読み込む（図 1・22 ①）。次に、メニューバーのレイヤーから*新しいレイヤーの追加*を選択して

1·3 バーチャル顕微鏡システム構築の実際

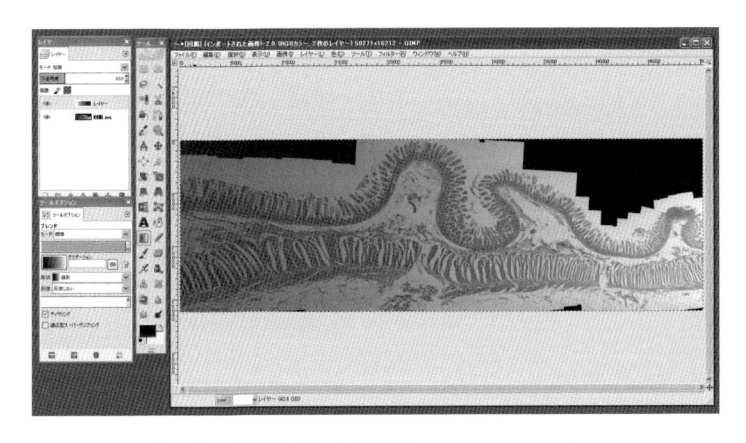

図 1・22 ③　色の傾きを修正した結果
色の濃淡の傾きが生じた連結写真と、色の濃淡の傾きを作成した
レイヤーを加算した場合の修正結果を示す。

新たなレイヤーを作成する。そして、ツールボックスのウインドウにあるブレンドを選んで、そのレイヤーに色の傾きを作成する。その際には、新たなレイヤーだけを選択（目の形をしたアイコンをクリック）し、そのレイヤーの上でマウスを左クリックしながら一定の方向に移動させれば、その方向に沿って色の傾きが作成される（図1・22②）。この際に用いる色は黒色でもよい。それができたら、連結写真と、色の傾きを設定したレイヤーの両方を選択して、レイヤーのウインドウにあるモードの*除算*や*加算*などを選んで、連結写真を修正する（図1・22③）。その際には、*不透明度*の割合を細かく調節して、最良の状態に仕上げる。修正後、レイヤーのメニューにある下の*レイヤーと結合*を選んで両者を結合させれば完了である。

1·3·5　巨大写真の圧縮

　膨大な数の写真が連結された一枚の合成写真のメモリーサイズは巨大になるため、そのままの状態で写真データを配布したり、ビュアーで観察したりすることは不可能である。そこで、写真データを取り扱いやすくするためにメモリーサイズを圧縮してできるだけ小さくする必要がある。写真画像を圧縮する方式には多くの種類があるが、ここで必要とされる圧縮方式の条件

は、できるだけ小さなファイルに圧縮できることと同時に、それを再び展開した際に圧縮前の画像と比べて画質の劣化が目立たないことである。それらの条件は矛盾しているが、両者が折衷するところまでデータサイズを圧縮してバーチャル顕微鏡用のデータとして用いることになる。

　静止画像を圧縮する方式として一般によく知られているのが、JPEG（Joint Photographic Experts Group）や GIF（Graphics Interchange Format）などである。これらの中でも、JPEG は高圧縮しても画像の劣化が比較的に目立たない圧縮方式としてよく用いられている。ところが、その性能の良さにもかかわらず、あまり一般的に知られていない圧縮方式が他にある。それは、JPEG を発展させた JPEG 2000 と呼ばれる圧縮方式である。この JPEG 2000 で高圧縮した場合には、JPEG で高圧縮した場合よりも画質の劣化が少ないことが知られている。それゆえ、巨大な写真データをできるだけ小さなメモリーサイズに圧縮するとともに、画質の劣化を極力抑えるという今回の目的には、この JPEG 2000 による圧縮方式が最も適していると考えられる。

　JPEG 2000 による圧縮方法は JPEG のものとは異なる方式を用いている。JPEG は写真を小さなブロックに分割して圧縮する離散コサイン変換（Discrete cosine transform）と呼ばれる方式で圧縮するために、圧縮率を高

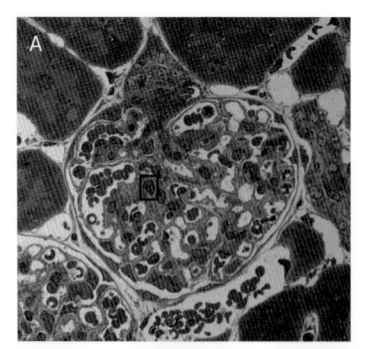

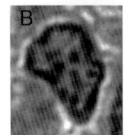

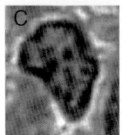

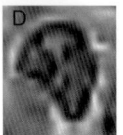

図 1・23　写真の高圧縮による画質の劣化

圧縮前の BMP ファイルの写真（A、腎臓の糸球体）からその一部（写真中の四角で囲った部分で、細胞の核を示す）を切り出して拡大したのが写真 B である。A の写真を JPEG と JPEG 2000 による圧縮方式でノイズが現れるまで高圧縮したものが、それぞれ、写真 C と D である。C と D は、比較のために、B と同じ部分を拡大したものである。JPEG で高圧縮した C には四角いマス目模様のノイズが見られる。そして、JPEG 2000 で高圧縮した D には黒い構造の部分に蚊がまとわりついたようなノイズが見られる。

1・3　バーチャル顕微鏡システム構築の実際

めていくと、やがて、四角い模様のノイズ（ブロックノイズ）が浮き出て画質の劣化が顕著になる。一方、JPEG 2000 はウエーブレット変換（Wavelet transformation）と呼ばれる方式で圧縮するために、JPEG のような格子状のノイズは生じないが、その代わりに、圧縮率を高めていくと、やがてボケたようなノイズが生じる。そのノイズは、細かい構造の部分に蚊の大群がまとわり付いているように見えることから、モスキートノイズとも呼ばれている（図 1・23）。

　実際に、JPEG と JPEG 2000 の両方の圧縮方式を用いて、写真のメモリーサイズが元の無圧縮時のサイズの約 29 分の 1 になるまで高圧縮した際に、両者に生じる画質の劣化を比較した。その結果を見ると両者の違いは一目瞭然で、同じメモリーサイズまで圧縮したにもかかわらず、JPEG 2000 の圧縮方式のほうが JPEG の圧縮方式と比べて画質の劣化が目立たないことは明らかである（図 1・24）。このように、高い圧縮率にもかかわらず、画質の劣化がほとんど目立たないという点において、バーチャル顕微鏡には JPEG 2000 による圧縮方式が最も適していると言える。

　画像圧縮の国際的な標準規格として JPEG が一般的に用いられているために、写真を JPEG ファイルに圧縮できるフリーソフトは数多く公開されている。その一方で、JPEG 2000 による圧縮方式は一般的にあまり利用されていないために、BMP や TIFF などのファイルを JPEG 2000 ファイルに圧縮できるフリーソフトは少ない。ところが、幸いなことに、巨大な写真を JPEG 2000 に圧縮することを目的とした JP2 WSI Converter という高機能なフリーソフトがフィンランドのタンペレ大学（University of Tampere）から公開されている（図 1・25）。この JP2 WSI Converter はバーチャル顕微鏡専用に開発された画像圧縮ソフトで、BMP、JPEG、TIFF などのファイルを JPEG 2000 ファイルに圧縮して変換する機能をもっている。Windows 専用のソフトとして、32 ビット版と 64 ビット版が公開されている。

　BMP や TIFF などの無圧縮のファイルを JPEG 2000 ファイルに圧縮するためには、JPEG ファイルに圧縮する場合と比べて 5～6 倍の処理能力が必要と考えられているので、64 ビット版のソフトの存在は、その作業を効率

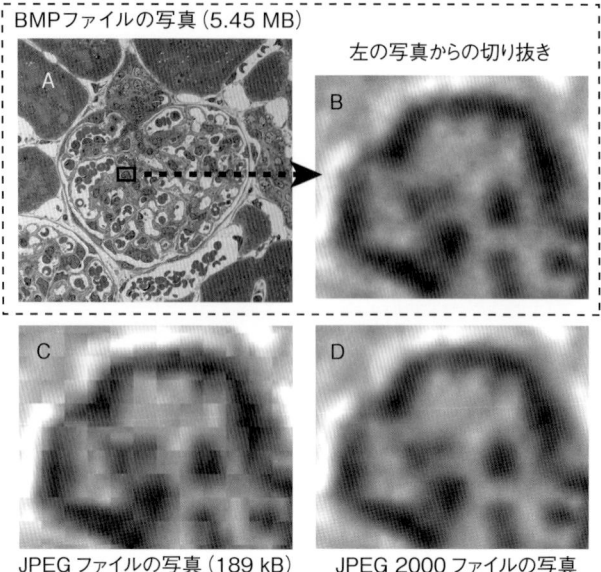

▶第 1 章　バーチャル顕微鏡システムの構築とその活用法

図 1・24　JPEG と JPEG 2000 の圧縮方式による圧縮後の画質の比較
　BMP ファイルの写真（ファイルサイズ 5.45 MB、A）を、JPEG（C）と JPEG 2000（D）の方式で圧縮したものと比較した。それぞれ、元の写真の約 1/29 の 188 kB と 189 kB のファイルサイズになるまで高圧縮した場合に見られる画質の劣化を示す。画質の変化がよくわかるように、写真の一部を切り抜いて拡大して示してある。圧縮前（B）と圧縮後の写真を比べると、JPEG で圧縮したものではブロックノイズによる画質の劣化が目立っている。一方、JPEG 2000 で圧縮したものでは画質の劣化がほとんど目立たない。

図 1・25　JPEG 2000 ファイルへの圧縮ソフトである JP2 WSI Converter のスクリーンショット
　TIFF、BMP、JPEG などの巨大なファイルを読み込んで圧縮率（*Compression rate*）を指定すれば、それだけで、巨大なファイルでも短時間で JPEG2000 ファイルに圧縮することができる便利なソフトである。

的に行うためには貴重である。このソフトは Windows 用なので、Mac で同じ事を行う場合には、市販の画像処理ソフトの Adobe Photoshop を利用する方法がある。64 ビット版の OS に対応した Adobe Photoshop の CS4 以降のバージョンには JPEG 2000 ファイルへの変換機能があるので、それを用いれば巨大なサイズの写真でも JPEG 2000 ファイルに変換することができるかもしれない。

1・3・6　でき上がった巨大サイズの写真の観察

　巨大なサイズの写真データを JPEG 2000 ファイルに変換して圧縮したものを、再び展開しながら軽快に観察するためには専用のビュアーが必要である。その際のビュアーの条件としては、写真上の見たい部分にすばやく移動できて、その部分の拡大や縮小をマウスだけで自由自在に操作できる機能が要求される。このような機能をもつビュアーソフトがあれば、顕微鏡で観察する際のステージの移動、対物レンズの交換などに相当する作業をマウスの操作だけですばやく行えるので、実際の顕微鏡観察よりもはるかに軽快に組織標本の観察ができる。実は、Google マップ（Google Maps）としてよく知られている世界地図を観察するビュアーソフトには、バーチャル顕微鏡で必要とされる機能がすべて備わっている。実際に、ニューヨーク大学が Web で公開しているバーチャル顕微鏡システムのビュアーには、この Google マップの基本機能が使われている。

　実は、前述したフィンランドのタンペレ大学から、バーチャル顕微鏡専用のビュアーとして JVSview と呼ばれるフリーソフトも公開されている。JVSview は、JPEG 2000 ファイルの写真を取り込んだ後、Google マップのビュアーと同じようなしくみにより、マウス操作だけで組織標本を自由自在に観察することができるソフトである（**図 1・26**）。この他にも、バーチャル顕微鏡専用のビュアーとして、OlyVIA と呼ばれる Windows 専用のフリーソフトがオリンパス社から公開されている。このビュアーも、JVSview と同じように JPEG 2000 ファイルで圧縮した写真ファイルを自由自在に観察することができる。これらの他にも、いくつかのフリーのビュアーが公開さ

▶第 1 章 バーチャル顕微鏡システムの構築とその活用法

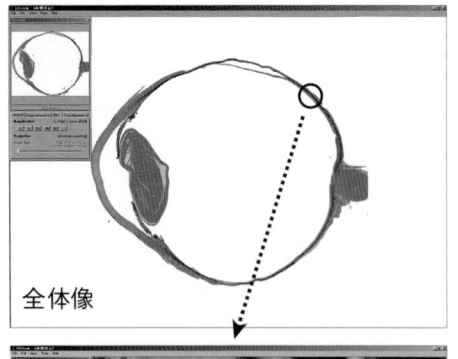

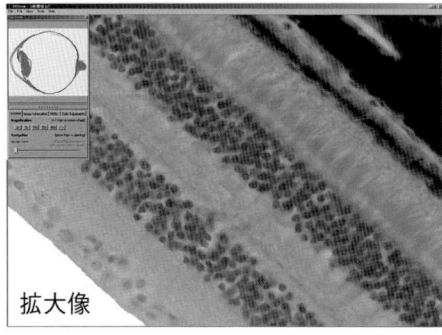

図 1・26 JVSview を用いた JPEG 2000 ファイルの観察
JPEG 2000 ファイルに圧縮した連結写真を JVSview にドラッグアンドドロップすれば、その写真がメインウインドウとサブウインドウ（*Overview* ウインドウ）に表示される。サブウインドウには拡大、写真の明るさ、コントラストなどを調整する機能が表示されている。また、サブウインドウに示された写真は、標本観察の際のナビゲーションの役割を果たす。メインウインドウにおける標本観察は、マウスの左クリックによる移動と、ホイールの回転による拡大と縮小だけの簡単な操作で行うことができる。写真は JVSview で眼球を観察しているスクリーンショットを示す。

れているが、扱いやすさや動作の安定性などの点から考えると、JVSview と OlyVIA がお薦めである。しかしながら、両者には使用許諾契約に大きな違いがある。OlyVIA はその使用許諾契約書により、その使用が厳しく制限されているが、JVSview は営利目的でなければ、その使用はかなり自由である。JVSview を公開しているダウンロードページには、*"JVSview is free software for non-commercial purposes, and can be redistributed freely."* と書かれている。それゆえ、実習などに用いるには JVSview のほうがお薦めである。

また、その機能の面からも、著者らはバーチャル顕微鏡のビュアーとして JVSview の利用をお勧めする。その理由は、JVSview は非常に小さなサイズ（1.45 MB）のソフトにもかかわらず、バーチャル顕微鏡のビュアーとして必要な基本機能をすべて備えており、操作性に優れ、非常に安定して動くソフトだからである。著者らが確認したところでは、Windows 2000 から

Windows 8 までの幅広い OS（32 ビットと 64 ビット版）に対応して問題なく動作し、インストールなしでそのまま使えるので非常に便利である。一方、OlyVIA はインストールを必要とする大きなサイズのソフトであるが、その分、JVSview よりも多くの機能を備えている。両者とも、安定に動くソフトなので、実用的な面においてはまったく問題なく使用できる。また、両者とも操作性や機能面において一長一短があるので、目的に応じて使い分けると便利である。

1・4 バーチャル顕微鏡の利用法とその将来性

　とりあえず、バーチャル顕微鏡用の写真と、そのビュアーが揃えば、それだけでバーチャル顕微鏡システムをすぐにでも実習などに利用することが可能になる。また、それをどのように利用するかについては、アイデアしだいである。たとえば、講義の際の組織標本などの説明にこの方法を用いることもできる。さらに発展させて、組織標本のプレパラートを観察する学生実習にもこの方法を利用することができる。たとえば、この方法を用いて組織学の実習などを行う場合には、あらかじめ、学生たちに JVSview や OlyVIA などのビュアーをダウンロードしておくように指示し、実習の現場で JPEG 2000 ファイルに圧縮した組織標本の写真データを CD、DVD あるいは USB メモリーなどの記憶媒体で学生に配布すれば、それだけでノートブック型コンピューターを用いた組織学の実習が可能になる。この方法を用いれば、ほとんど経費もかからず、顕微鏡、プレパラート標本、専用の実習室などがなくとも、実際の顕微鏡実習と比べて質、量ともに勝る実習を、通常の講義室で効果的に行うことが可能である。

　写真データの著作権をとくに問題にしないのならば、サーバーに標本の写真データを保存しておき、各自が見たい標本のデータをいつでもどこからでもダウンロードできるようにしておけば、標本を自宅からでも自由に観察することができるので、さらに便利である。一方、写真データの著作権を問題にする場合には、サーバーに保存した標本のデータそのものはダウンロード

▶第1章 バーチャル顕微鏡システムの構築とその活用法

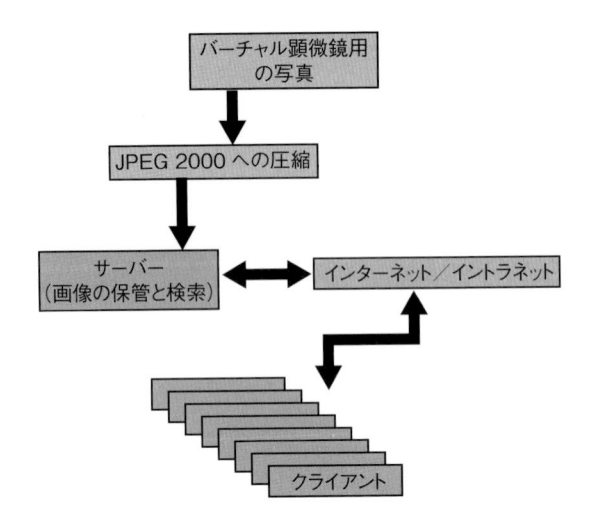

図1・27 インターネットやイントラネットを用いたバーチャル顕微鏡システムの活用
標本の写真データをサーバーで集中管理することにより、インターネットやイントラネットを利用して、多くの人が同時にそれらのデータを活用することができる。

できないようにして、ルーターを介した端末からクライアントの人たちが自由に検索して標本観察ができるようにする方法もある（**図1・27**）。

さらに発展させ、インターネットを介して標本の写真データを世界中に公開することもできる。実際に、アメリカのいくつかの大学では、数多くの正常な組織標本や病理標本などをWebで公開している。それらのWebサイトにアクセスすれば、世界中の学生、教育者、研究者などがそれらの標本をいつでもどこからでもバーチャル顕微鏡で自由に観察することができるようになっている。このシステムを用いれば、世界中に1枚しかない貴重な組織標本でも、それを誰もが自由に観察することが可能になる。さらに、世界中の見事な組織標本を総集して共有のデータベースを構築し、それをバーチャル顕微鏡システムで一般に公開することができれば、世界中の教育や研究に貢献することになるであろう。

▶バーチャル顕微鏡データを一般に公開している機関 （2014年8月現在）

現在、海外の多くの教育機関がバーチャル顕微鏡用の写真データをインターネットで閲覧できるシステムを構築し、世界中の研究者、教育者、そし

て，学生などにそのデータを無料で公開している．これらを利用するためには，JAVA のインストールと Internet Explorer の使用が推奨される．

http://www.siumed.edu/~dking2/VSindex.htm
http://zoomify.lumc.edu/
http://histology.med.umich.edu/schedule/medical
http://www.dartmouth.edu/~anatomy/Histo/
http://histology.osumc.edu/histology/HumanHisto/index.htm
http://medsci.indiana.edu/junqueira/virtual/junqueira.htm
http://www.histologyguide.org/Slide_Box/Slide_Box.html
http://oralhisto.unibas.ch/vmic_content.html?st=2
http://webslide.med.wayne.edu/
http://vmic.unibas.ch/patho/topo/index.html
http://broca.aecom.yu.edu/
http://www.meddean.luc.edu/lumen/MedEd/Histo/virtualhistology.htm
http://www.indiana.edu/~anat215/virtualscope2/start.htm
http://www.path.uiowa.edu/virtualslidebox/
http://www-personal.umich.edu/~akc/slidebox.htm

▶ ソフトのダウンロード先の URL （2014 年 8 月現在）
ImageJ およびそのプラグインソフト； http://rsbweb.nih.gov/ij/
Image Composite Editor (Microsoft)；
　　http://research.microsoft.com/en-us/um/redmond/groups/ivm/ice/
GIMP； http://www.gimp.org/downloads/
JVSview と JP2 WSI Converter； http://jvsmicroscope.uta.fi/?q=jvsview
OlyVIA；
　　http://www.olympus.co.jp/jp/support/dl/software/olyvia/index.cfm?product=olyvia

第 2 章

連続写真を用いたリアルな立体モデルの再構築法

　一般的に言えることであるが、複雑な構造を理解するためには、それをモノクロの平面図で見るよりも、フルカラーの立体図で見たほうが、よりわかりやすいことは明らかである。さらに、その構造の立体モデルを拡大したり、角度を自由に変えたりしながら見ることができれば、その理解力はさらに増すであろう。それと同時に、立体モデルの断面を見たり、内部構造まで透かして見たりすることができれば申し分ない。そのような要望は古くからあり、現在に至るまで、生物などの複雑な構造を理解するためにさまざまな方法が試みられてきた。ここで紹介するのは、動物の胚や組織などから得られた連続切片の写真を用いてリアルな立体モデルを再構築し、それを詳細に観察する方法である。この方法は古くから試みられてきたもので、その技術は当時の手作業による立体モデルの作成から、現在のコンピューターを利用したリアルで高精細な立体モデルの作成へと大きく発展した。

2・1　立体モデルの作成法

　現在、動物の構造のリアルな立体モデルを作成する方法としては、主に2つの方法が用いられている。もちろん、その作業のほとんどはコンピューターにより行われている。その1つは、立体化しようとする構造の輪郭を連続写真上でトレースし、そのトレースしたデータをもとに、表面構造からなる立体モデルを作成する方法である。これはサーフェスモデリング（Surface modeling）と呼ばれる方法によるもので、コンピューターによる立体モデル作成の基本的な技術が用いられている。この立体再構築法がコンピューター

で簡単にできるようになる以前は、目的の構造の輪郭を連続写真から厚紙に書き移し、それをハサミで切り抜いてから、順番に糊で貼り合わせて立体モデルを作成していた。その後、それらの作業のほとんどをコンピューターで処理できるようになってからは、大規模で複雑な構造のモデルでも容易に立体再構築できるようになった。

　もう1つの方法は、ボリュームレンダリング（Volume rendering）と呼ばれる立体再構築法である。これは、立体化しようとする構造の連続写真のデータをそのまま用いて、目的とする構造の立体モデルを直接的に再構築する方法である。この方法で作成された立体モデルは、サーフェスモデリング法で作成されたもののように、表面構造だけからなる立体モデルではなく、そのモデル内部の複雑な構造まで含まれている。それゆえ、この方法が実用化されるようになったのは、膨大な写真データをリアルタイムで処理できる高性能なコンピューターが一般に普及するようになってからである。現在、この方法はX線CT（Computed Tomography）やMRI（Magnetic Resonance Imaging）装置により得られた連続写真などから人体の立体モデルを作成するのに用いられ、病気を診断する技術として医療の現場では広く活用されている。

2・1・1　サーフェスモデリング法のしくみ

　サーフェスモデリングと呼ばれる方法は、立体モデルを表面構造だけで表すものである。わかりやすくたとえると、郷土玩具で有名な張子細工のように、表面構造だけからなる中空の構造として立体モデルを表現する方法である。

　ここで用いるサーフェスモデリング法のしくみは非常に簡単である。最初に、連続写真に含まれる目的の構造物の輪郭を閉じた線でトレースする。次に、トレースして得られた線に沿って切片の厚さに相当する曲面を設定する。すべての写真についてこの作業が行われ、最後に、それらの曲面がすべて重ね合わされると、表面構造だけからなる中空の立体モデルができ上がる（**図 2・1**）。これらの作業のほとんどはコンピューターにより行われるが、目的

▶第2章　連続写真を用いたリアルな立体モデルの再構築法

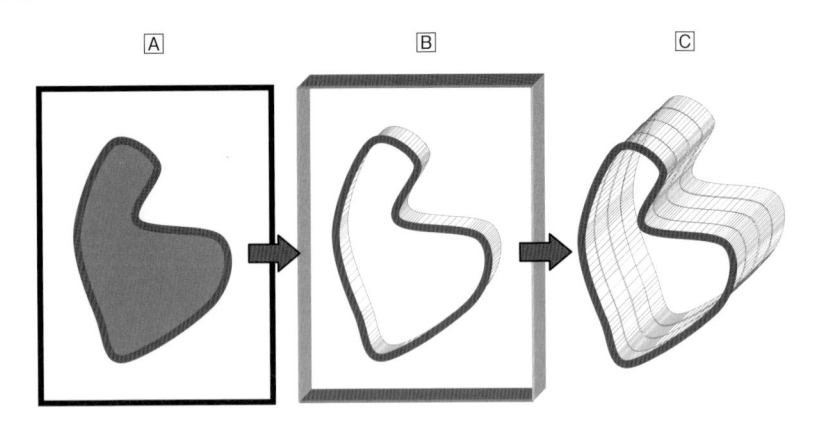

図2・1　連続写真を用いたサーフェスモデリングの原理
連続写真に含まれる目的の構造の輪郭をトレースする（A）。トレースした線に沿って切片の厚さに相当する平面の枠が加えられる（B）。平面の枠が重ね合わされると表面構造からなる立体モデル（サーフェスモデル）ができ上がる（C）。

の構造物を認識してその輪郭をトレースすることだけは人の手作業で行う必要がある。それらの作業の結果、三角形で細かく細分割された表面構造からなる立体モデルが作成される。その形態から、この立体モデルはポリゴンモデル（Polygonal model）とも呼ばれている（図2・2）。

ポリゴンモデルはそのままでは見栄えが悪いので、よりリアルな物体として表現するために、その構造にいくつかの処理が施される。たとえば、立体モデルの前から見えない裏の部分の線と面が除去される（図2・3）。この技術は、それぞれ、隠線消去と隠面消去と呼ばれる処理である。さらに、多角形の構造を滑らかな曲面にするために、補間処理を行って角を目立たないようにする。最後に、立体モデルの存在感を表現するために、一定の向きから光で照らされたように影を付ける処理を行う。その際には、立体モデルの面の凹凸や傾きに応じた影付け、そ

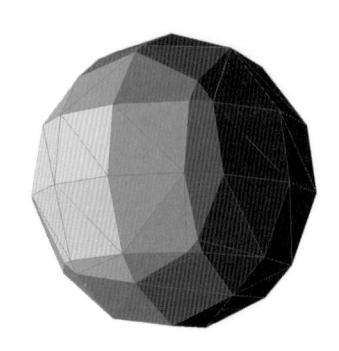

図2・2　ポリゴンモデル
ポリゴンモデルは三角形で細分割された表面構造から構成されている。

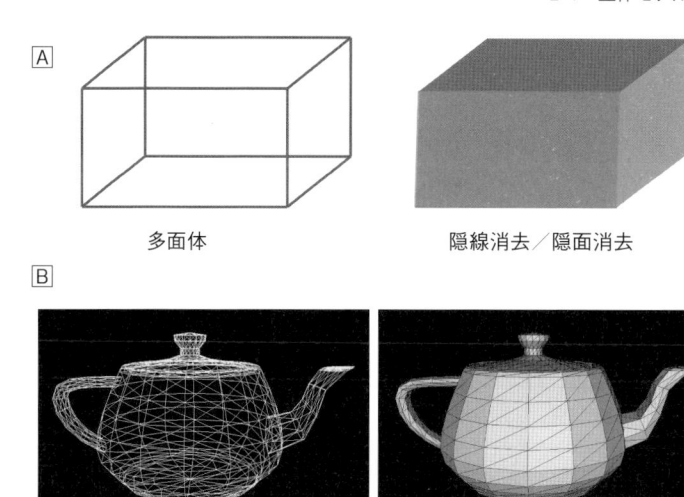

2・1　立体モデルの作成法

A

多面体　　　　　　　隠線消去／隠面消去

B

図2・3　隠線消去と隠面消去
隠線消去と隠面消去の処理を示す模式図。それらの処理により、多面体構造の前面に隠れて見えなくなる後面の線や面が消去される（A）。実際のモデルにおける隠線消去と隠面消去の例を示す（B）。

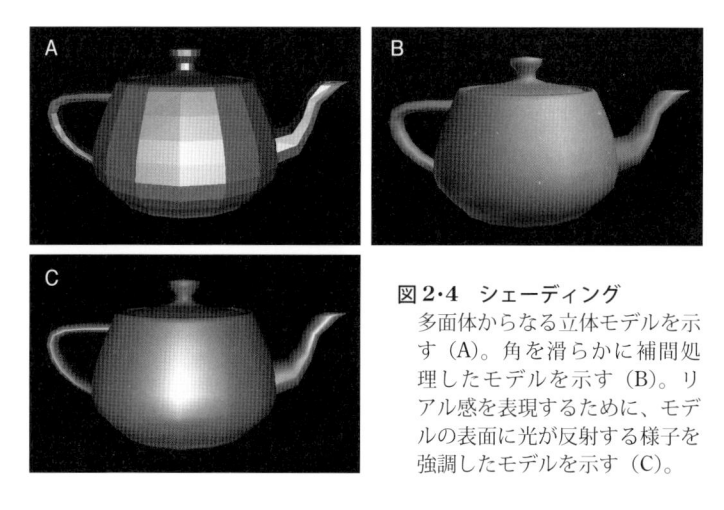

図2・4　シェーディング
多面体からなる立体モデルを示す（A）。角を滑らかに補間処理したモデルを示す（B）。リアル感を表現するために、モデルの表面に光が反射する様子を強調したモデルを示す（C）。

して光の反射などが加えられる。これらの処理はシェーディング（Shading）と呼ばれ、立体モデルをよりリアルに見せるための技術である（**図2・4**）。

▶第 2 章　連続写真を用いたリアルな立体モデルの再構築法

　その他にも、立体モデルをリアルに見せるための処理として、モデルに入射した光線がその表面に複雑に反射する様子や、その内部まで入射した光線が、内部構造の表面に反射をする様子まで計算して表現することもできる (**図 2·5**)。その際の反射の係数や透過の係数をさまざまに変えることにより、光を反射する物体の構造の質感（たとえば、金属や布などの質感や、ざらざらした表面の質感など）を表現することも可能である。さらに、その表面にさまざまな色や模様をつけたり、実際の写真を貼り付けたりして、よりリアルな立体モデルとして表現することもできる (**図 2·6**)。これらの一連の作業は、立体モデルの表面を描画するという意味でサーフェスレンダリング（Surface rendering）とも呼ばれ、それらの処理を施すことにより立体モデルの質感や存在感が与えられ、よりリアルな物体として表現される。

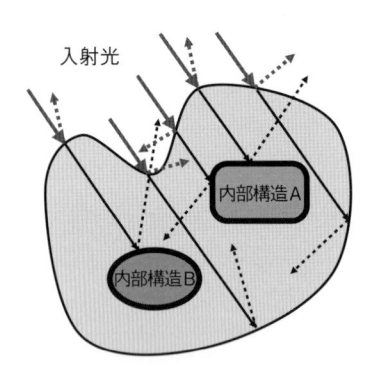

図 2·5　モデルに加えられる光の反射を複雑に表現した模式図
入射光がモデルの表面で反射したり、その内部構造の表面で反射したりする様子を示す。

図 2·6　モデルの表現法
　透けたように表現したモデルを示す (A)。表面に模様を張り付けたモデルを示す (B)。モデルの表面に模様や写真などを貼り付ける処理は Texture mapping と呼ばれている。

2・1・2　ボリュームレンダリング法のしくみ

　コンピューターが平面の画像を扱う際には、画素（ピクセル、Pixel）と呼ばれる一定の面積を表す基本単位が用いられている。一方、立体モデルを扱う際には、ボクセル（Voxel）と呼ばれる体積を表す基本単位が用いられている。ボクセルは、画像の一定の面積に厚さ（連続画像間の距離、切片の厚さ）の値が加えられた立方体や長方体として表現される単位である。そして、ボクセルに換算された画像を重ね合わせると、ボクセルで構成された立体空間ができ上がる。

　連続写真を重ね合わせて形成された立体空間のボクセルには、それぞれの位置情報と同時に、それらが位置する写真上の色データを表す輝度値（Luminance value）と呼ばれる数値が与えられている。X線CTやMRI装置から得られる連続写真は一般にグレースケールの写真なので、この場合の輝度値は白から黒までの段階を数値化した値になる。たとえば、色の階調度（Gradient）が8ビットで表現されている場合の写真では、白から黒までの色データを表す数値として0から255までの256段階（2の8乗）の数値が用いられる。このように、連続写真は輝度値が与えられたボクセルの集合体として数値化され、それらが重ね合わされることにより、色データをもったボクセルの集合体からなる立体空間が形成される（図2・7）。この立体空間は、その役割から、ボリュームデータ（Volume data）と呼ばれている。

　ボリュームレンダリング法により連続写真のデータから立体モデルが作成される際には、ボリュームデータを構成するボクセルの輝度値が一定のアルゴリズムで計算されて、そのボリュームデータの中に含まれる物体が二次元のモニター画面上に立体モデルとして描画されるしくみになっている。その際に用いられている一般的な描画法は、レイキャスティング（Ray casting）と呼ばれる技法である（図2・8）。レイキャスティングの基本作業は、連続写真のデータで構成された三次元空間であるボリュームデータに向けてレイ（視線、光線）を照射し、そのレイが通過する直線上のボクセルの輝度値をサンプリングしながら、その積算値を計算することである。この作業がモニター上のすべてのピクセルを通過するレイについて行われ、得られた積算値

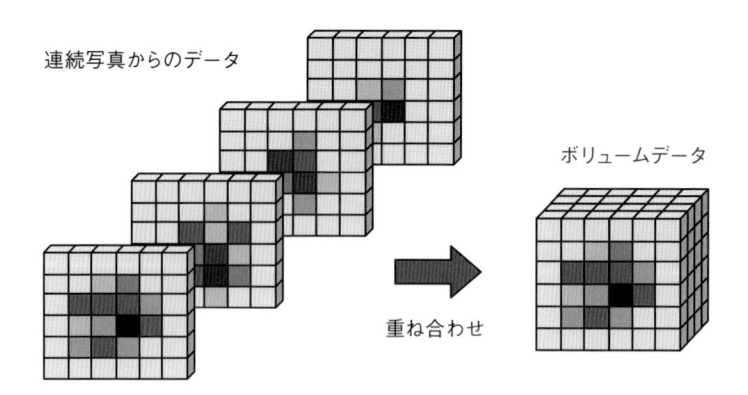

▶第 2 章　連続写真を用いたリアルな立体モデルの再構築法

図 2・7　ボクセル
連続写真はそれを構成するボクセルに与えられた輝度値により数値化される。そして、数値化された写真データが重ね合わされてボリュームデータが形成される。このボリュームデータが立体モデル作成のための基本データとなる。

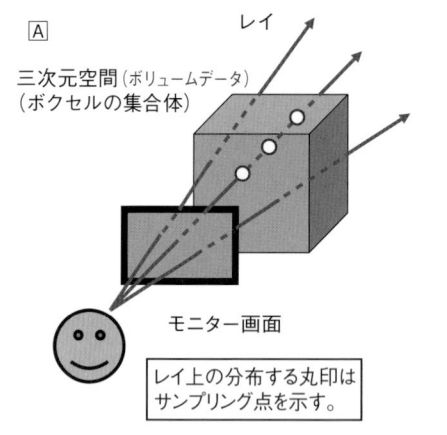

$$L_{out} = L_{in}(1-\alpha) + c\alpha$$

L_{out}：サンプリング点を抜けたときの積算輝度値
L_{in}：サンプリング点に入射した積算輝度値
c　：輝度値
α　：不透明度

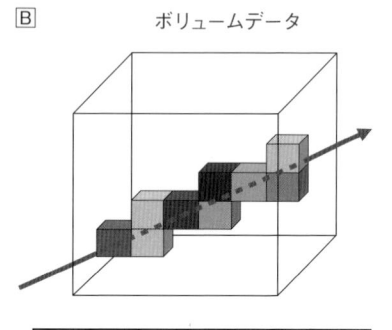

図 2・8　レイキャスティング
モニターを眺めるヒトから向けられたレイ（視線）がボリュームデータを貫いて、そのレイの直線上に分布するボクセルの輝度値が積算される。そして、その値がモニター上に投影されるとモニター上にモデルが描画される（A）。Bはボリュームデータを貫くレイの直線上に分布するボクセルを示す。それぞれのボクセルの色は輝度値を示している。

2・1 立体モデルの作成法

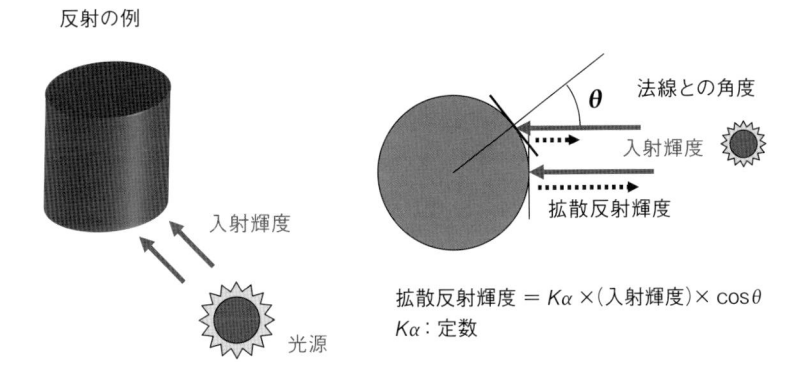

反射の例

拡散反射輝度 = $K\alpha \times$（入射輝度）$\times \cos\theta$
$K\alpha$：定数

図2・9　モデルの表面に入射した光の拡散反射
モデルの表面に入射した光の拡散反射は、モデルの面と直角に入射した場合に輝度が最も高くなる。そして、入射面の法線の角度が大きくなるにつれて輝度は低下する。

がモニター上に投影されると、ボリュームデータに含まれる立体モデルが描画されるしくみになっている。

　また、ボリュームレンダリング法で作成された立体モデルを、できるだけリアルに見せるためにいくつかの処理が行われる。たとえば、立体モデルの表面に入射した光が拡散反射するように表現する処理（**図2・9**）や、分解能を向上させて画像を滑らかに見せるための補間処理（トリリニア補間、Trilinear interpolation）などが行われる（**図2・10**）。当然ながら、複雑な処理を行うとリアル感や画質の向上が期待できるが、その一方で、計算処理の作業が膨大になる。その結果、コンピューターへの負担が増加して、立体モデルが描画されるまでに多くの時間がかかることになる。

　実際にモデリングを行う場合、ボリュームレンダリングソフトの基本設定だけで描画されてくる立体モデルは、そのままでは使い物にならない。そのために、ソフトの機能を操作して目標とする表現の立体モデルを作り上げる必要がある。その際に行う操作の中心が、ボリュームデータの輝度値の分布を表すヒストグラムに対して、不透明度（Opacity）と色を設定する作業である（**図2・11**）。この作業は伝達関数（Transfer function）と呼ばれる機

▶第 2 章　連続写真を用いたリアルな立体モデルの再構築法

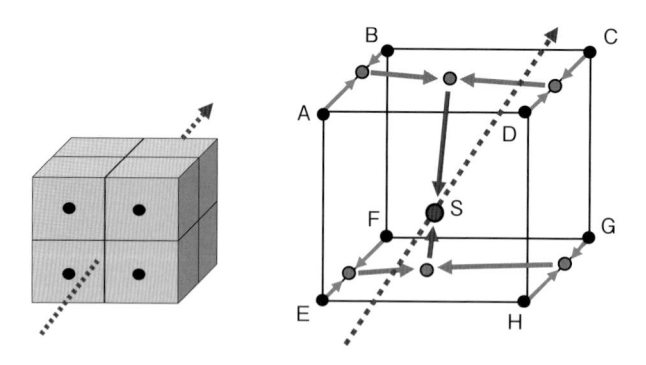

図 2・10　レイが貫くボクセルの輝度値の補間処理
　レイキャスティングにおいて、レイがボクセルどうしの間を通過する場合、その通過点の輝度値を周囲のボクセルの輝度値から補間して求める場合もある。そうすることにより、画像の連続性や精細差が向上する。一般に、レイが通過するサンプリング点（S）の輝度値は、周囲の 8 個のボクセルの輝度値（A-H）から補間して求められる。

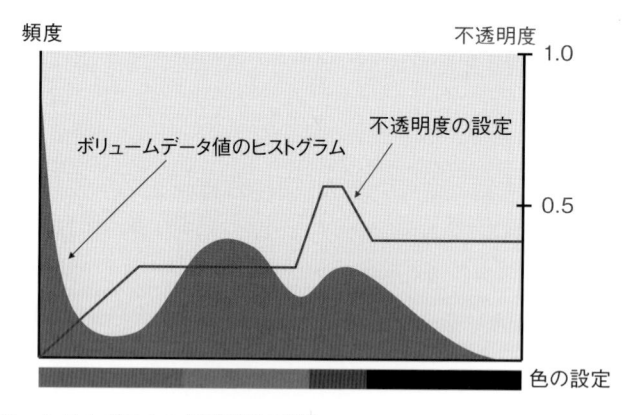

図 2・11　ヒストグラムと伝達関数の設定
　ボリュームデータ値（ボリュームデータを構成するボクセルの輝度値）の分布がヒストグラムで表される。輝度値は色の濃淡を示す値で、階調が 8 ビットの写真の場合には 256 段階の値（横軸）で表される。そのヒストグラムの分布に対して不透明度と色を任意に設定することにより立体モデルが描画される。

能を用いて行われる。ここで扱う不透明度とは、ボクセルの光線の透過性を 0.0 〜 1.0 の間で表す数値で、不透明度 0.0 では、ボクセルが光線をすべて透過した透明な状態を表現する。一方、不透明度 1.0 ではボクセルが光線

をまったく透過しない不透明な状態を表現する。そこで、ボリュームデータの輝度値の分布を表すヒストグラムに対して、不透明度を 0.0 ～ 1.0 の間で任意に設定すると、立体モデルがモニター画面上に浮かび上がってくる（図2・12）。次に、そのモデルに任意の色を設定すると、疑似カラーで色づけされたさまざまな表現の立体モデルができ上がる（図2・13）。

　実際に、伝達関数を操作してみるとわかるが、不透明度の値と色の設定の組み合わせは無限にある。最初は、どのような組み合わせでそれらの値を設定したら目標とする立体モデルができ上がるのかよくわからず、操作に少々手間取るかもしれない。しかし、そのしくみを理解して不透明度の値と色の設定のコツがわかると、目標とする表現の立体モデルを簡単に作成することができるようになる。

　ボリュームレンダリングソフトの操作は、X線CTやMRI装置から得られた写真データのように、画像の色調が一定していて、目標とする立体モデル（たとえば、骨格構造や内臓など）が決まっている場合には簡単である。それは、あらかじめ設定された（プリセットされた）不透明度の値や色の領域をそのまま適用すれば、異なる人のデータからでも、同じような表現の立体モデルを容易に再現性よく作成することができるからである。それゆえ、X線CTやMRI装置の写真データから立体モデルを作成するための医療用のソフトには、不透明度や色の設定がプリセットされたいくつものパターンが組み込まれていて、それを選択するだけでさまざまな人体の立体モデルが作成できるようになっている。

　一方、今回のように、扱うデータが胚や組織などの顕微鏡写真の場合には、標本ごとに色調が異なるために、それぞれの標本に合わせた不透明度や色の設定を行う必要がある。しかも、作成する立体モデルの表現方法が標本ごとに異なるので、それらを作成する際には、不透明度や色などを試行錯誤で設定して、目標とする立体モデルを作り上げなければならない。それらの操作に不慣れなうちは満足できる立体モデルを作成するのに少々手間取るかもしれないが、やがて、それらの操作に慣れてくれば、目標とする立体モデルを簡単に作成できるようになる。

▶第2章 連続写真を用いたリアルな立体モデルの再構築法

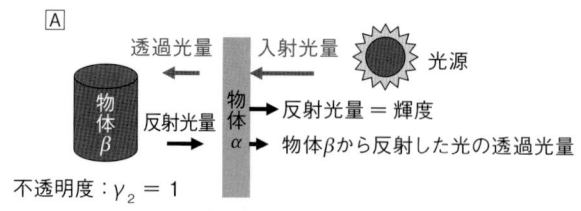

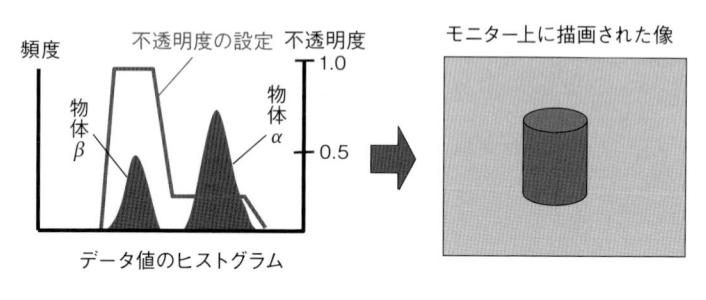

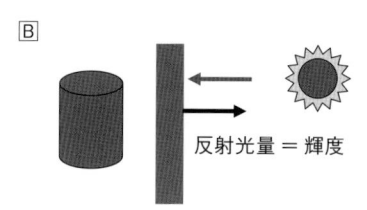

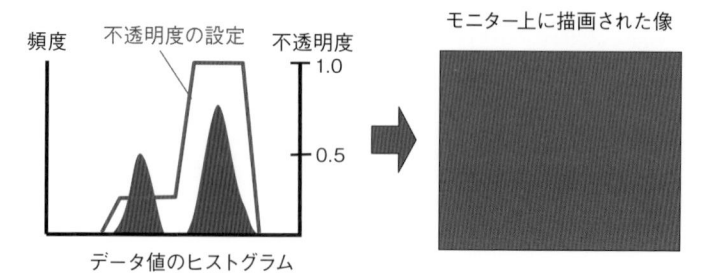

図2・12 伝達関数と立体モデルの描画
 物体αの領域の不透明度を1より小さく設定すると、不透明度が小さくなるにつれて物体αが透けてくるので、その先に存在する物体βが見えるようになる（A）。物体αの不透明度を1に設定すると、その物体は光を通さない（すべての光を反射する）ことになり、その奥にある物体βは見えない（B）。

2・1 立体モデルの作成法

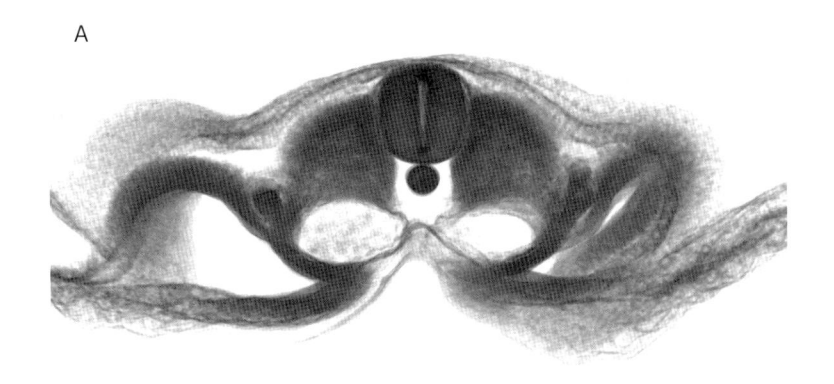

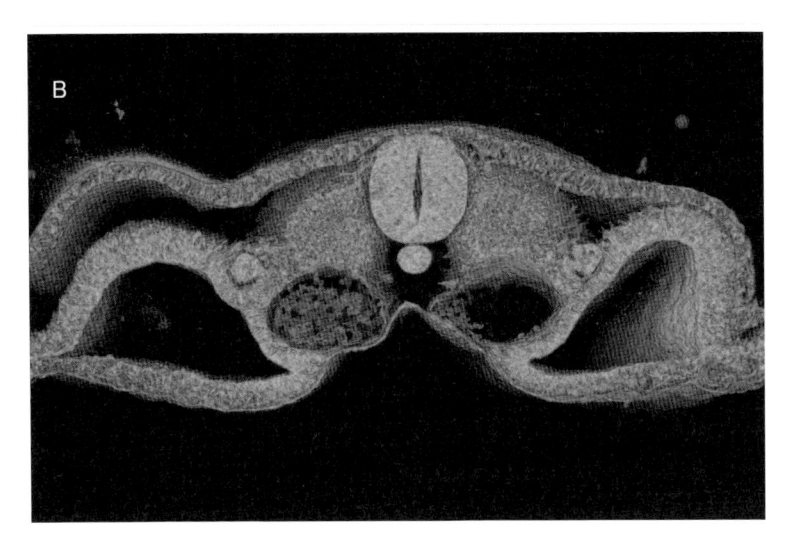

図2・13 ボリュームレンダリングで描画された立体モデル
不透明度と色の設定を変えることにより、さまざまな表現のモデルを描画することができる。全体の構造が透けたように描画されたモデル(A)。胚の構造の詳細がわかりやすいように影付けをしたモデル(B)。モデルはRealia Professionalで作成されたニワトリの胚の断面を示す。エポキシ樹脂に包埋された連続切片(厚さ1μm)を用いて作成された。

▶第 2 章　連続写真を用いたリアルな立体モデルの再構築法

2・2　サーフェスモデリング法とボリュームレンダリング法による立体モデルの再構築法の実際

　以上に述べた 2 種類の立体再構築法は、すでに確立された技術であり、それらを教育や研究に利用しようと思えば、誰もがすぐにでも利用できるものである。しかしながら、それらの技術が教育や研究の場であまり活用されていないのは、おそらく、それらを利用するためには市販の高価なソフトと設備、そして、高度な技術が必要と思われているからではないだろうか。実際に、市販されているソフトや装置には高価なものが多く、それらを個人で購入して利用することは容易ではない。ここでは、そのような経済的な面と技術的な面における問題を払拭して、誰もが実用的なレベルの立体モデルを簡単に作成できるサーフェスモデリング法とボリュームレンダリング法を紹介する。その基本は、世界中で公開されている高機能なフリーソフトを利用して、市販の高価なソフトに負けないような見事な立体モデルを作成する方法である。以下にそれらの方法を具体的に紹介する。

2・2・1　連続写真を用いたサーフェスモデリング法の実際

　この方法の作業手順は図 2・14 に示した通りである。最初の作業は、連続切片を写真撮影することである。次に、撮影された連続写真に含まれる標本の位置を精確に合わせるための整列作業を行う。それが完了したら、連続写真を立体再構築用のソフトに読み込んで、目的の構造の輪郭を 1 枚ずつ精確にトレースする。そして、標本のトレースが完了すれば、そのデータからただちに立体モデルが作成される。

▶連続写真の撮影

　組織標本の連続写真を顕微鏡で撮影する際の注意点は、次のステップで行う整列作業を考慮して、標本の位置や角度をできるだけ揃えて撮影することである。この作業を疎かにすると、コンピューターによる整列作業に少し手間取ることになる。それを避けるためには、この段階で、少しの手間を惜し

2・2 サーフェスモデリング法とボリュームレンダリング法による立体モデルの再構築法の実際◀

連続切片の写真撮影

⬇

連続写真の整列
（ImageJ を使用）

⬇

連続写真をサーフェスモデル作成用のソフトに読み込んで、目的の構造の輪郭をトレースする
（Reconstruct を使用）

⬇

立体再構築
（同上のソフトを使用）

⬇

サーフェスモデルのでき上がり

⬇

VRML ファイルで出力、3D ビューアーで観察

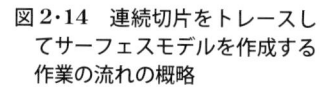

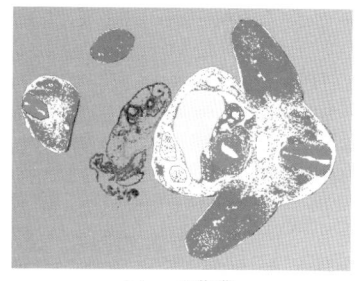

連続写真

トレース作業

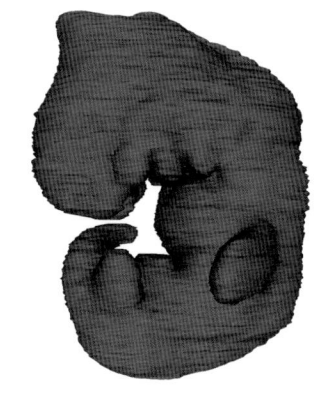

でき上がったマウスの胚の立体モデル

図 2・14　連続切片をトレースしてサーフェスモデルを作成する作業の流れの概略

57

まないことが重要である。さらに、撮影された写真に目立つゴミなどがあったら、画像処理ソフトを用いてそれらを取り除いておくことも重要である。それは、目立つゴミが写真に存在すると、コンピューターがそのゴミを標本の一部として認識してしまうために、整列作業が乱されるからである。

　サーフェスモデリングとボリュームレンダリングのどちらの場合にも、必要とされるのはグレースケールの写真である。もちろん、カラー写真でも問題はないが、その場合、写真のメモリーサイズが大きくなってしまう。もし、撮影した写真をサーフェスモデリング用のデータとしてだけ使用するのであれば、写真の総メモリーサイズを減らすために、カラー写真をグレースケールの写真に変換した上に、さらに解像度を大きく下げてもとくに問題はない。それは、サーフェスモデリングの場合には、トレースする構造の輪郭が識別できさえすればそれで十分だからである。その場合、ImageJ の *Import* メニューから *Image Sequence* を選んで連続写真のすべてを開いた後、*Image* メニューから *Type* を選んで、*8-bit* を選択すればカラー写真をグレースケールの写真に一括変換することができる。そして、それらを *Save as* から *Image Sequence* で保存すれば、グレースケールの連続写真が得られる。

　連続写真をサーフェスモデリング用だけでなく、次に紹介するボリュームレンダリング用のデータとしても利用する場合には、その撮影データをBMP や TIFF などの無圧縮形式のファイルで高画質のまま保存しておくことが望ましい。それは、JPEG で圧縮して保存してしまうと、再び元の高画質に戻すことができなくなるからである。しかしながら、写真の枚数があまりに多くなるとメモリーサイズも非常に大きくなり、その取り扱いがたいへんになるだけでなく、引き続く整列作業にも多くの時間を費やすことになる。それを避けるためには、各自が所有しているコンピューターの性能と、目標とする立体モデルの解像度を考慮した上で、容易に扱える範囲まで写真の総メモリーサイズを減らす必要がある。

　その際の方法の 1 つは、立体モデルの作成に必要な領域だけを残して不要な部分を可能な限りトリミングし、総メモリーサイズを減らすやり方である。その具体的な方法は、連続写真を Image Sequence として ImageJ に読

2・2 サーフェスモデリング法とボリュームレンダリング法による立体モデルの再構築法の実際

み込んで、そのメニューバーにある *Rectangular selections* を選んで必要な領域だけを囲む。そして、その囲んだ領域にすべての連続写真の必要な領域が含まれているかどうか確認するには、読み込んだ連続写真をスクロールすれば簡単にわかる。必要な領域が設定されたらメニューバーの *Image* を選んで、その中の *Crop* を選択すれば、連続写真を一括してトリミングすることができる。この方法を用いれば、写真の解像度を下げることなく、大幅に総メモリーサイズを減らすことが可能である。もう1つの簡単な方法は、第1章で述べたように、連続写真を ImageJ に読み込む際に現れる *Sequence Option* のウインドウの *Scale Images* の値（%）を設定して、総メモリーサイズを減らすやり方である。

▶ 連続写真の整列

　撮影された状態のままの連続写真では、目的の構造物の位置や向きがバラバラなので、そのままでは立体モデルを作ることはできない。そこで、連続写真を精確に整列させる必要がある。その際に必要なのが、連続写真を整列させるためのソフトである。連続写真を整列するためのフリーソフトとしてよく知られているものがいくつかある。その1つが、光学顕微鏡写真の整列用として用いられている ImageJ のプラグインソフトの StackReg と TurboReg である。そして、電子顕微鏡写真の整列用には sEM align がある。著者らは、連続した光学顕微鏡写真の整列作業に、ImageJ に組み込んだ StackReg と TurboReg を用いて非常に良い結果を得ている。この方法を用いる場合には、ImageJ のホームページの Plugins のコーナーから StackReg と TurboReg の両方をダウンロードして、それらを ImageJ の Plugins フォルダーの中にコピーすれば、そのソフトを ImageJ の *Plugins* メニューから開くことができる。もちろん、電子顕微鏡写真を整列させる場合でも、基本的なしくみは光学顕微鏡写真の場合と同じなので、ImageJ を用いて行うことが可能である。

　ImageJ を用いた整列作業の方法は非常に簡単で、連続写真のシリーズ全体を Image sequence として読み込んだ後、プラグインソフトの StackReg

▶第 2 章　連続写真を用いたリアルな立体モデルの再構築法

で整列させれば、ほとんどの場合において精確に整列させることができる。その際に注意する必要があるのは、読み込む写真データの総メモリーサイズである。撮影した写真を JPEG で圧縮保存した場合にはメモリーサイズは小さくなるが、整列作業やモデリングの作業が行われる際にはそれらのファイルが再び展開されるので、総メモリーサイズが非常に大きくなる。そのために、展開時の写真の総メモリーサイズがコンピューターで扱える範囲を超えてしまうことがある。その場合、コンピューターがメモリーエラーを起こして、作業が止まってしまう。それを防ぐためには、総メモリーサイズをコンピューターが扱える範囲内まで減らす必要がある。どのくらいの値まで減らすかは、使用しているコンピューターの OS の種類（32 ビット版あるいは 64 ビット版）や、コンピューターに搭載されている RAM メモリーのサイズによるので、あらかじめ、自分が使用しているコンピューターの OS の種類と RAM メモリーのサイズを確認しておく必要がある。単純に考えて、連続写真の展開時の総メモリーサイズをコンピューターに搭載されている RAM メモリーのサイズの半分以下にまで減らせば、後の作業には問題ないであろう。

　整列作業をするには、写真データの総メモリーサイズを設定してから、連続写真を読み込んで、*Plugins* メニューから *StackReg* を選択する。そして、現れたウインドウの中の *Transformation* のモードを選んでから整列を開始させる。*Transformation* にはいくつかのモードがあるが、初期設定されている *Rigid Body* のままで実行すれば問題なく整列させることができる（図 2・15）。また、整列させる順序は連続写真の前からでも後ろからでも可能である。後ろから整列させる場合には、最後の写真を表示した状態で整列を開始させると、最後の写真から前方に向かって整列が開始される。

　しかしながら、時として、コンピューターが整列に失敗してしまうこともある。それは、整列作業を行っているアルゴリズムに苦手な条件があるからである。その場合には、整列作業に失敗した前後の写真を比較すれば、それらの間にコンピューターの整列作業を乱す何らかの原因のあることがわかる。ここで、整列作業を大きく誤らせてしまう原因について、著者らが経験した失敗例とその解決策を紹介する。たとえば、標本の一部に折れ重なりが

2・2 サーフェスモデリング法とボリュームレンダリング法による立体モデルの再構築法の実際◀

図2・15 ImageJで連続写真を整列させる際の手順
連続ファイルを ImageJ に読み込む際には、*File* メニューの *Import*、*Image sequence* とクリックして、フォルダ内に収められた連続ファイルの写真をクリックして開けば、そのフォルダ内のすべての写真が Stack として取り込まれる。その際の画面の下の部分に、全体の写真の総メモリーサイズが表示される（小さな矢印）。その値が大きすぎるとコンピューターで扱うことができないので、扱える範囲まで *Scale images* の割合を低くして、写真の総メモリーサイズを減少させる。次に、*Plugins* メニューから *StackReg* を選択して、*Transformation* を設定して *OK* をクリックする。設定は *Rigid Body* のままでよい。

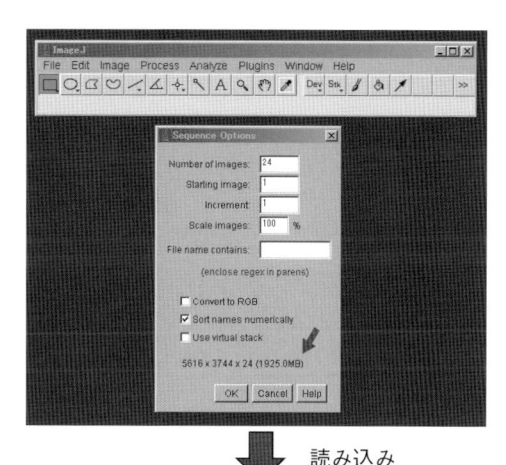

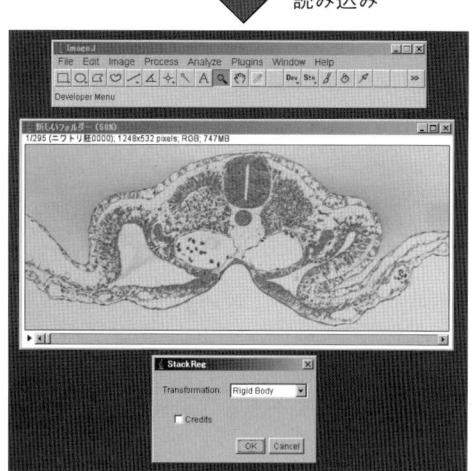

あってその部分が濃く染まっている場合、標本の角度が大きくずれている場合、標本の周囲に目立つゴミがある場合、そして、標本の背景色に顕著な傾きがある場合などにコンピューターが整列を失敗しやすい。これらが原因で整列に失敗した場合には、整列が乱された部分の写真を修正してからやり直せばうまくいく（**図2・16**）。その際に、修正が不可能な標本の折れ曲がりや、標本の壊れなどがある写真は削除するしか方法がない。標本内の目立ったゴミの除去は1枚ごとの手作業が必要であるが、多くの写真に背景色のムラな

▶第2章 連続写真を用いたリアルな立体モデルの再構築法

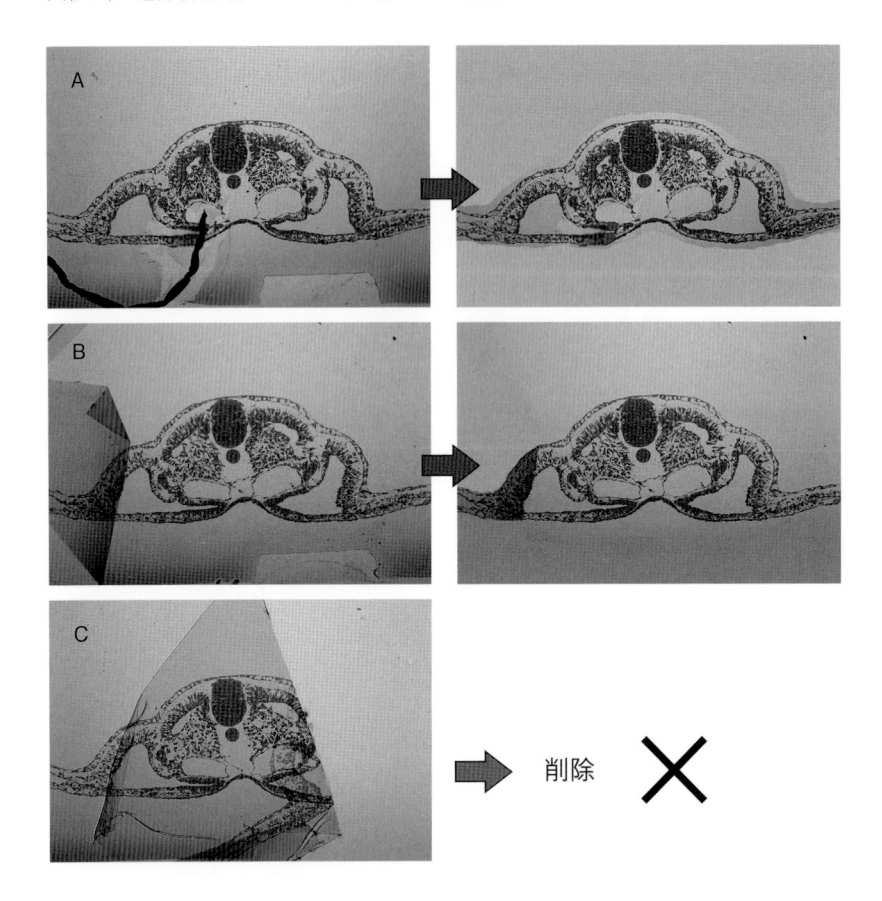

図 2・16 整列前の画像修正
　コンピューターによる連続写真の整列作業を乱す原因は、その作業の前にできるだけ取り除いておく必要がある。たとえば、目立つゴミの除去（A）、切片の折れ曲がりの修正（B）、そして、修正が不可能な切片の削除（C）などである。

どがある場合の修正には、前章で紹介した ImageJ の *subtract background* 機能を用いた一括処理が便利である。

　また、その他にも、写真中の構造が丸い形をしていてその向きに明確な特徴が無い場面には、コンピューターによる整列作業が失敗しやすい。その

2·2 サーフェスモデリング法とボリュームレンダリング法による立体モデルの再構築法の実際 ◀

場合には、画像処理ソフトを用いて、問題のある箇所の標本の角度を手作業でできるだけ精確に合わせてからやり直せば、問題なく整列させることができる。

▶ 連続写真に含まれる構造物のトレース作業と立体モデルの再構築

ここで紹介するサーフェスモデリング用ソフトの Synapse Web Reconstruct（以下、Reconstruct、図 2·17）は、電子顕微鏡写真をトレースしたデータからサーフェスモデルを作成する目的で開発されたもののようである。このソフトを用いれば、光学顕微鏡や電子顕微鏡写真などの連続写真を読み込んで、それらの写真に含まれる目的の構造をモニター画面上でトレースすることにより、そのデータからサーフェスモデルを簡単に作成することができる。モニター画面上でのトレース作業はマウスを用いて行うのが一般的であるが、その方法では手が疲れるだけでなく、トレースする線が乱れやすい。このモデリング法では、トレース作業の精確さができ上がった立体モデルの見栄えを大きく左右するので、トレースする作業はできるだけ

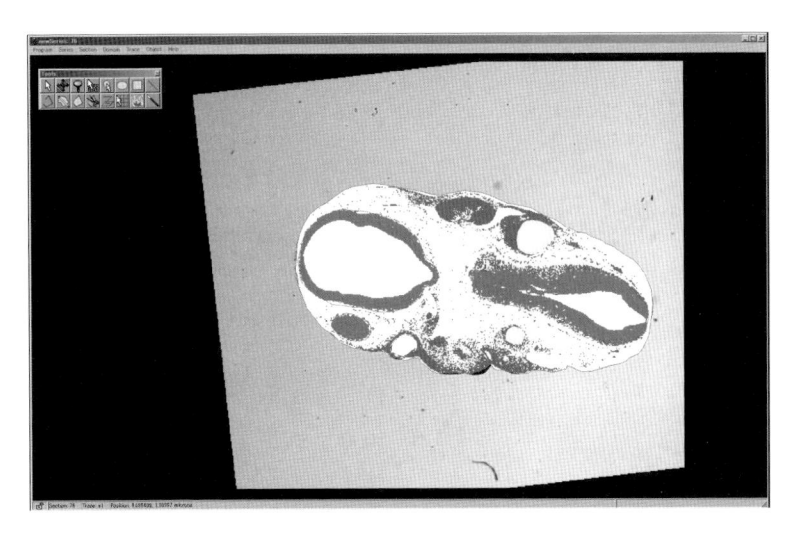

図 2·17 作業中の Reconstruct のスクリーンショット

▶第 2 章　連続写真を用いたリアルな立体モデルの再構築法

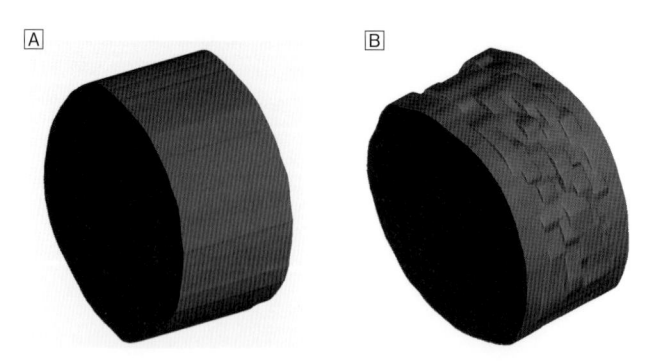

図 2・18　写真のトレース作業の精確さとモデルの表面構造の比較
Aは、トレースした 1 枚の写真を複製して、それらを 16 枚重ねて作成された立体モデルを示す。つまり、精確に 16 枚をトレースした場合に相当する。その場合、モデルの表面構造は滑らかである。Bの立体モデルは、両端の 3 枚ずつに A と同じものを用い、中の 10 枚はトレースした線を意図的に乱したものを用いて作成されたものを示す。その場合のモデルには、トレースの乱れにより生じた表面構造の凸凹がよくわかる。両者を比較するとわかるように、トレースの線の乱れはモデルの表面構造を乱して見栄えを悪くする。

丁寧に行う必要がある。それは、トレース作業を粗雑に行うとモデルの表面構造が凸凹になってしまうからである（図 2・18）。そこで役に立つのが、ペンタブレットという名称で販売されている文字や線画の入力装置である（図 2・19）。この装置を用いれば、マウスよりも精確にトレースすることができるので、今回のような根気のいる作業にはたいへん便利な道具の 1 つである。また、最近では、トレース作業に利用できるさらに便利な道具も販売されている。それは、モニター画面上の写真を付属のペンでなぞってトレースすることができる液晶ペンタブレットと呼ばれる装置である（図 2・20）。それを用いればさらに精確なトレース作業を軽快に行うことができる。

　Reconstruct には、トレース後のデータをさまざまに修正するツールがあるので、でき上がった後からでも、立体モデルの形を細かく修正することが可能である。また、各部の構造を分けてトレースすることができるので、立体モデルを構成する各部分を分離して示すこともできる。この機能は、でき上がった立体モデルを他のソフトで加工したり、多様な表現で示したりす

2・2 サーフェスモデリング法とボリュームレンダリング法による立体モデルの再構築法の実際

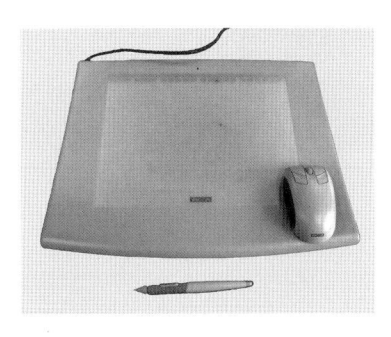

図2・19 ペンタブレット
モニター画面を見ながらタブレット上をなぞってトレースする。

図2・20 液晶ペンタブレット
この装置はモニターも兼ねており、その画面上で写真をトレースする。

る際に非常に便利である。さらに便利な機能は、でき上がった立体モデルをVRML（Virtual reality modeling language、拡張子はwrl）ファイルで保存できることである。このVRMLファイルは一般のCGで用いられている共通のファイル形式なので、でき上がった立体モデルを一般の3Dビュアーで観察したり、CGソフトに取り込んで加工したりすることも容易にできる。たとえば、VRMLファイルの立体モデルを観察するためのフリーの3Dビュアー（Cortona 3D Viewer、VRMLView Proなど）がいくつもあるので、それらを用いることにより、でき上がった立体モデルを、コンピューターのモニター上でインタラクティブに操作（移動、拡大、回転など）しながら観察することが簡単にできる（図2・21）。

さらに、フリーのファイル変換ソフト（たとえば、MeshLabなど）を使用すれば、VRMLファイルをCGソフト専用の他の種類のファイル形式に変換することができる。たとえば、VRMLファイルをobjファイルやdxfファイルに変換すれば、それらのファイルを別のCG関連のフリーソフト（Metasequoia、DoGA、Blender、SketchUp Makeなど）で扱うことができるようになる。そうすれば、VRMLファイルで保存したモデルをいくつも組み合わせた複雑な構造の立体モデルの作成や、それらの立体モデルを用いたアニメーションなども簡単にできるようになるので、作成された立体モデ

▶第 2 章　連続写真を用いたリアルな立体モデルの再構築法

図 2・21　3D ビューアーの VRMLView Pro のスクリーンショット
読み込んだ 3D モデルを回転や拡大しながら自由自在に観察することができる。Reconstruct で作成されたマウスの胚の中枢神経系と内臓を示す。

ルの利用価値がさらに高まるであろう。モデルをいくつも組み合わせた複雑なモデルの作成法については第 3 章で紹介する。

2・2・2　連続写真を用いたボリュームレンダリング法の実際

一般に、フリーで公開されているボリュームレンダリングソフトのほとんどは、X 線 CT や MRI 装置で撮影された連続断層写真から人体の立体モデルを再構築するために開発されたものである。ここで紹介するのは、それらのソフトを用いて、X 線 CT や MRI 装置による連続写真の代わりに、顕微鏡で撮影された連続写真を用いて立体モデルを作成する方法である。目的は異なっても、使用するソフトの基本操作は人体の立体モデルを作成する場合とまったく同じである。

▶ 連続写真の処理

ボリュームレンダリングに用いる顕微鏡写真は、X 線 CT や MRI 装置と同じようにグレースケールの写真を用いる。最初にカラー写真で撮影しておいたものを ImageJ に取り込んで、8 ビットのグレースケールに変換して利

2·2 サーフェスモデリング法とボリュームレンダリング法による立体モデルの再構築法の実際

用すると便利である。この方法でも、前述のサーフェスモデリング法の場合と同じように、撮影された連続写真を精確に整列させる必要がある。その他にも、ボリュームレンダリング用の連続写真として用いるための準備として、さらにいくつかの画像処理が必要である。たとえば、連続写真全体の色調(コントラストや明るさなど)をできるだけ均一に揃えることである。それは、連続写真の色調の乱れが、立体再構築されたモデルの良し悪しに大きく影響するからである。前述したように、ボリュームデータを構成するボクセルには輝度値が付与されているので、たとえば、連続写真の中の一部の写真の色調が他のものと大きくずれている場合には、でき上がった立体モデルの中でその写真だけが浮き上がって目立ってしまう(図2·22)。また、連続写真のそれぞれに目立った色調の違いがあると、でき上がった立体モデルに色の縞模様が出るなど、立体モデルの見た目が悪くなってしまう(図2·23)。いずれにせよ、立体モデルができ上がった段階では修正することが難しいので、連続写真の整列作業の前か後の段階で画像処理して、連続写真の色調を均一にしておくことが、見栄えの良い高精細な立体モデルを作成するためには必要不可欠である。

連続写真の色調を均一に揃える必要が生じた場合、修正を要する写真の枚数が少なければ、画像処理用のソフトを用いた手作業でも簡単に処理するこ

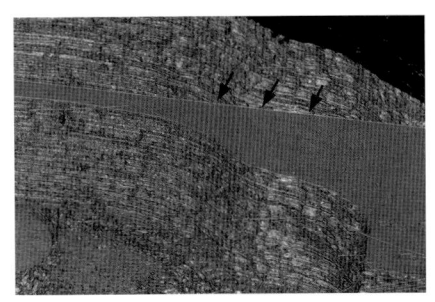

図2·22 色調が異なる画像による異常(その1)
色調が他の写真と大きく異なったものが含まれると、作成されたモデルの中でその部分だけが壁のように見えてしまう(矢印)。

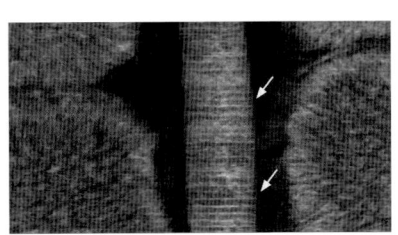

図2·23 色調が異なる画像による異常(その2)
写真ごとに色調の違いがあると、モデルに色の縞模様(矢印)が浮き出てしまう。

▶第2章 連続写真を用いたリアルな立体モデルの再構築法

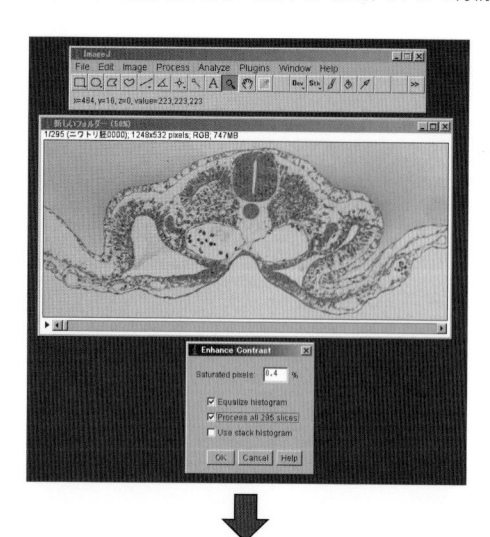

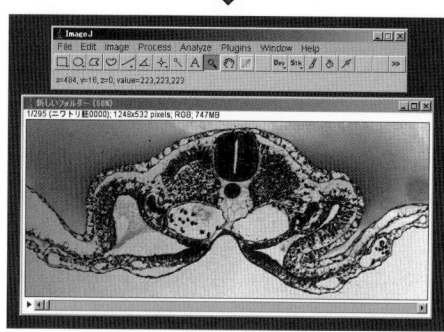

図2・24 ImageJによるコントラストの強調
標本の染色が色あせてコントラストが低い場合には、ImageJの *Enhance Contrast* 機能を用いると、それらの写真のコントラストの強調を一括して処理することができる。

とができる。しかし、標本の染色性などの状態が悪く、撮影された写真のほとんどを修正する必要が生じた場合には、連続写真全体をImageJに読み込んでそれらを一括して画像処理できると便利である。そのような場合に役に立つのが、たとえば、*Process* メニューにある *Enhanse Contrast* やプラグインソフトの *Stack_Contrast_Adjustment* などである。それらの機能を使えば、写真ごとに異なる色調やコントラストの乱れを一括修正して、すべての連続写真を同じような状態に揃えることができる。

たとえば、全体的にコントラストが低く、しかも、それぞれの写真のコントラストが不揃いな場合には、*Enhance Contrast* 機能を用いて修正すると便利である。この機能を利用すると、コントラストを強調して、すべての写真の色調を均一に揃えることができる。その操作は簡単で、すべての連続写真を *Image Sequence* で読み込んでから、*Process* メニューの *Enhance Contrast* を選んで、*Equalize histogram* と、その下にある *Process all XX slices*（XXは読み込んだ写真の枚数）というところにチェックを入れてOKを押せば、連続写真のすべてのコントラストが均一に強調される（**図2・24**）。ま

2・2 サーフェスモデリング法とボリュームレンダリング法による立体モデルの再構築法の実際

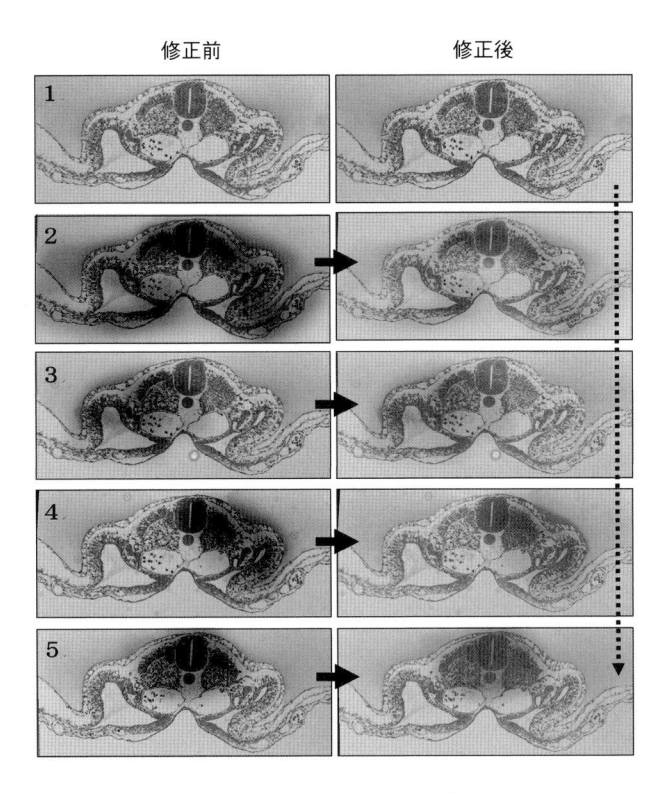

た、連続写真の多くのものにコントラストの乱れがあるような場合には、Stack_Contrast_Adjustment 機能を用いて修正する方法がある。この方法の場合も、連続写真を Image Sequence として ImageJ に読み込んでから、Plugins メニューを開いて Stack_Contrast_Adjustment の機能を選べば、最初の写真を基準にして後続の写真のコントラストの乱れを補正し、すべての写真が均一になるように修正される（図 2・25）。

図 2・25 ImageJ によるコントラストの乱れの修正
コントラストの乱れを意図的に加えた修正前の連続写真（左列）を ImageJ の Stack_Contrast_Adjustment 機能で修正すると、それぞれの写真に見られるコントラストの乱れがほとんど目立たなくなる（右列）。しかも、その際には、列の先端の写真に合わせて、連続写真全体のコントラストが揃えられる。

69

▶第2章　連続写真を用いたリアルな立体モデルの再構築法

▶**使用するボリュームレンダリングソフト**

　連続写真の整列と色調の均一化の作業が完了したら、それをボリュームレンダリングソフトに読み込んで立体モデルの作成を行う。その際のボリュームレンダリングソフトは、世界中で公開されている数多くのフリーソフトの中からそれに適したものを選んで利用する。多くのフリーソフトが、I do imaging という医学教育用のボリュームレンダリングソフト専門の Web サイトで紹介されているので、それらの中から探すこともできる。しかし、そこで紹介されているソフトのほとんどが医学の研究や教育用として開発されたもので、扱える写真が DICOM（Digital Imaging and COmmunication in Medicine）ファイルに限られている。そのために、それらのソフトを今回の目的にそのまま利用することは難しい。今回の目的には、顕微鏡の写真撮影に一般に用いられているファイル形式である JPEG、BMP、TIFF などの連続写真を読み込んで立体再構築できるソフトが必要だからである。

　I do imaging の Web サイトで紹介されているソフトの中には、JPEG、BMP、TIFF などのファイルを読み込んで立体モデルを作成できるフリーソフトもいくつか紹介されてはいるが、それらを試用してみたところでは、ほとんどのものが CG ソフトにありがちな動作の不安定性、ファイル認識上のトラブル、機能の不十分さなどで、実用的に利用できるものは少なかった。しかし、それらの中でも、動作が安定していて扱いやすく、非常に高性能なものが1つあった。それが、OsiriX（Mac 専用、32 ビット版と 64 ビット版、

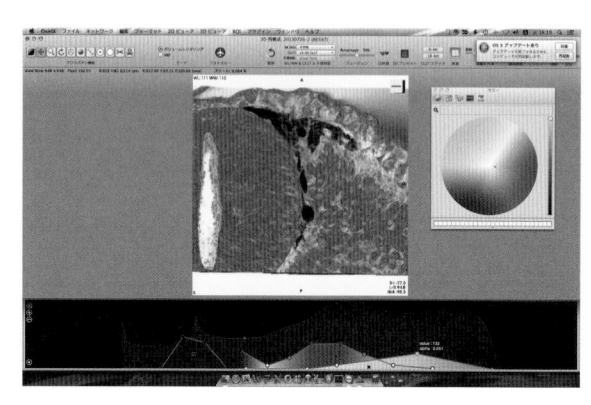

図2・26　OsiriX のスクリーンショット
ニワトリ胚の神経堤細胞を示す。

2・2 サーフェスモデリング法とボリュームレンダリング法による立体モデルの再構築法の実際

図 2・26）と呼ばれる、医学教育用に共同開発されたフリーのボリュームレンダリングソフトである。残念ながら、OsiriX は Mac 用のソフトしか公開されていないので、Windows を使用している人たちにはそのソフトを使用することができない。

　Windows を使用している人たちのためには、以前に、Realia（Windows 専用、32 ビット版）と呼ばれる高機能のフリーソフトがサイバネット社から公開されていた。Realia は高機能なボリュームレンダリングソフトであったが、諸般の事情により、2013 年に公開停止になってしまった。そのために、残念ながら、現在のところ、Windows 用として利用できる OsiriX 並みの高機能なフリーのボリュームレンダリングソフトは世界中を探しても見当たらない。それゆえ、Windows を使用している人たちにお薦めできる簡単な方法は、高性能で扱いやすかったフリーソフトの Realia の製品版である Realia Professional（サイバネット社、図 2・27）をアカデミック価格で購入して使用することである。

　もう 1 つのお薦めできる方法は、Windows をあきらめて Mac のコンピュー

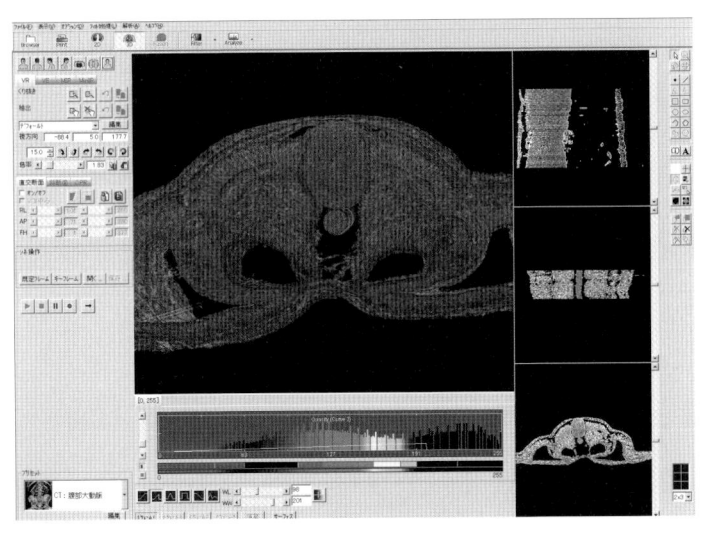

図 2・27　Realia Professional のスクリーンショット

▶第 2 章　連続写真を用いたリアルな立体モデルの再構築法

ターを購入し、フリーソフトの OsiriX（32 ビット版は無料、64 ビット版は寄付金が必要）を利用することである。Windows にこだわらなければ、この方法を採用すると、Realia Professional を購入する場合よりも安い予算で同じレベルかそれ以上の作業が可能になる。さらに、この場合に便利なのは、OsiriX の 64 ビット版も廉価で利用できるという点である。64 ビット版のソフトならば、32 ビット版では扱うことができないより大きなデータを扱えるので、はるかに高精細な立体モデルの作成が可能になる。

　以上の 2 つの方法が経済的に難しい場合には、前述の OsiriX や Realia Professional などと比べると多様な機能は備わっていないものの、立体モデル作成に必要な基本機能をすべて備えている Windows 用のフリーソフトがいくつかあるので、それらを利用するという方法がある。それらのソフトは、I do imaging の Web サイトには紹介されていないのでほとんど知られていないが、BMP や JPEG などの連続写真を取り込んで安定的に立体再構築できる便利なソフトである。ここで紹介する 3 つのフリーソフトについて動作確認したところ、Windows の幅広い OS 上で安定的に動作し、ファイルの読み込みから立体再構築まで問題なく行うことができた。また、これら 3 つのソフトにはそれぞれ独自の特徴があるので、この種のソフトの機能を理解するためには非常に役に立つと思われる。しかも、それらの扱いに慣れれば、研究や教育用としても十分に使いものになる実用的な立体モデルを作成することができる。

　最初に紹介するのは日本のソフトメーカー（サイネンシステム有限会社）から公開されているフリーのボリュームレンダリングソフトの SSC DICOM 3D Viewer である。当初、このソフトは DICOM ファイルから人体の立体モデルを再構築するための簡便なソフトとして試作され、一般に公開されていた。このソフトを試したところ、小さなソフトにもかかわらずボリュームレンダリングの基本的な機能がほとんど揃っており、幅広い Windows の OS でも安定的に動作し、簡単な操作で立体モデルが作成できる優れたソフトであることがわかった。そこで、著者がこのソフトの作者にお願いして、顕微鏡で撮影した BMP ファイルの連続写真を読み込んで立体構築できることな

2·2 サーフェスモデリング法とボリュームレンダリング法による立体モデルの再構築法の実際

どを含め、いくつかの機能の追加と改良をお願いした。その結果、BMPの連続写真を読み込んで、簡単な操作で実用的な立体モデルをボリュームレンダリングできるソフトに改良していただいた（**図2·28**）。現在、その改良版（バージョン0.0.4.0）が同社のホームページでフリーソフトとして公開されている。

また、改良版のSSC DICOM 3D Viewerに新たに追加された機能の中で、

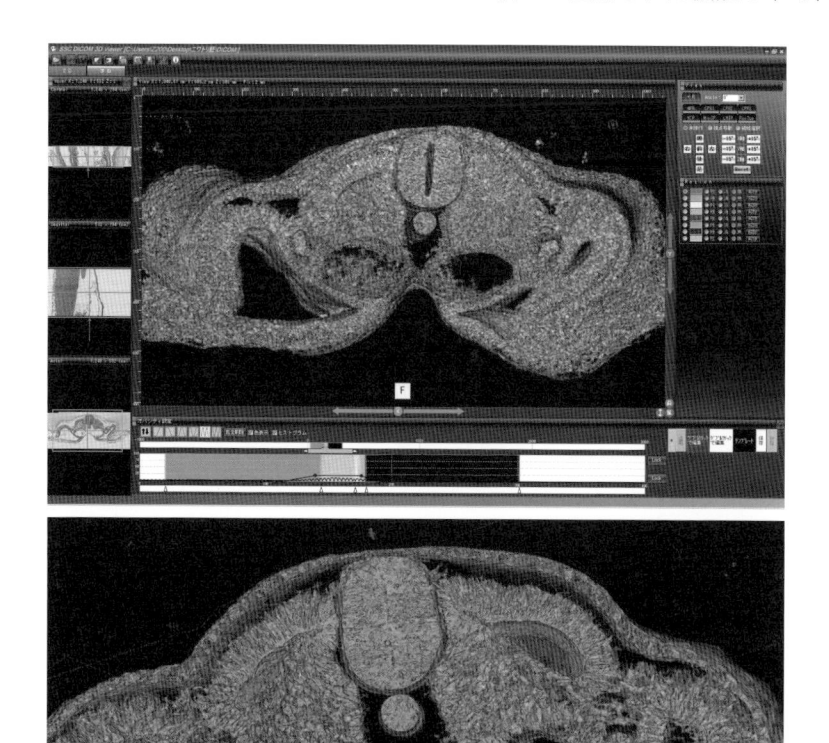

図2·28　SSC DICOM 3D Viewerのスクリーンショット（上）とそのソフトで作成されたモデルの例（下）

73

▶第 2 章 連続写真を用いたリアルな立体モデルの再構築法

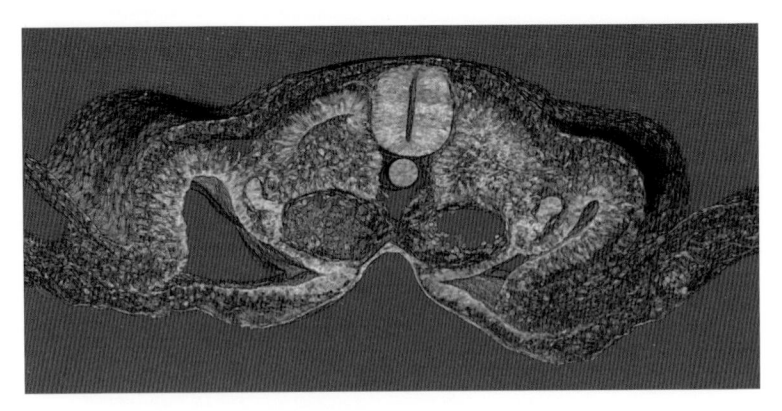

図 2・29 MRIcroGL で作成されたモデル
SSC DICOM 3D Viewer で BMP ファイルを DICOM ファイルに変換したものを、ファイル変換ソフトの dcm2nii でさらに NfTI ファイルに変換した。そして、その NfTI ファイルを用いて、ボリュームレンダリングソフトの MRIcroGL で描画したニワトリの胚を示す。このような方法を用いることにより、他の多くのフリーソフトでも BMP や JPEG ファイルが扱えるようになる。

とくに強調しておきたい重要なものがある。それは、BMP ファイルの連続写真を SSC DICOM 3D Viewer に読み込んで、それらを連続した DICOM ファイルに変換する機能である。この機能を用いれば、DICOM ファイルしか扱えない他の多くのボリュームレンダリングソフトでも、顕微鏡撮影した連続写真から立体モデルを再構築することができるようになる。たとえば、SSC DICOM 3D Viewer で顕微鏡の連続写真を DICOM ファイルに変換したものを、DICOM しか扱えない他の多くのフリーのボリュームレンダリングソフト（たとえば、MRIcroGL）に読み込ませて、立体モデルを再構築することができるようになる（図 2・29）。つまり、この機能を用いれば、他の多くのフリーのボリュームレンダリングソフトが今回の目的に使用できるようになる。それゆえ、SSC DICOM 3D Viewer はこのファイル変換機能だけでも非常に役立つ貴重なソフトである。

次に紹介するのは、ベルギーの Bruker-microCT 社からフリーで公開されている CTvox と呼ばれるボリュームレンダリングソフトである（図 2・30）。

2・2 サーフェスモデリング法とボリュームレンダリング法による立体モデルの再構築法の実際◀

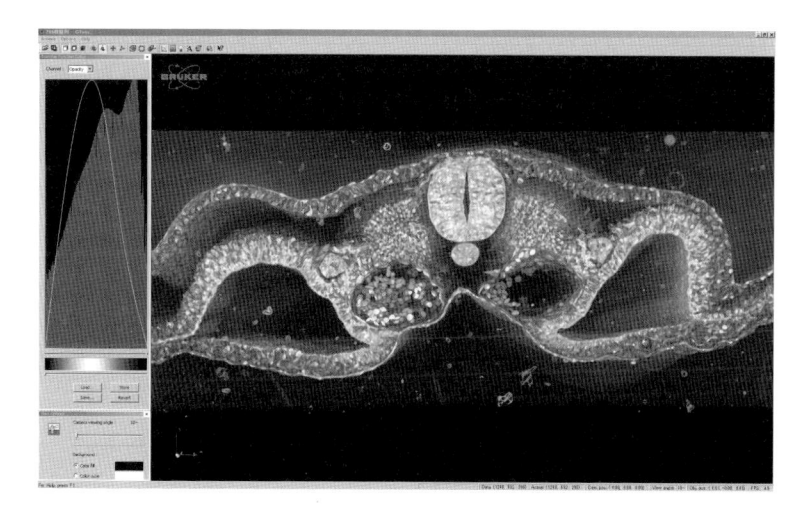

図 2・30A　CTvox のスクリーンショット

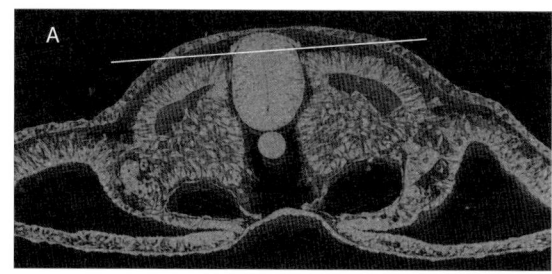

図 2・30B　CTvox で作成されたモデルの例

ニワトリの胚の断面を示す (A)。図 A の線で示した部分でカットした断面を斜め上から見た図を示す (B)。中央の神経管をはさんでその両側に体節を見ることができる。そして、体節を構成する細胞まで詳細に識別することができる。

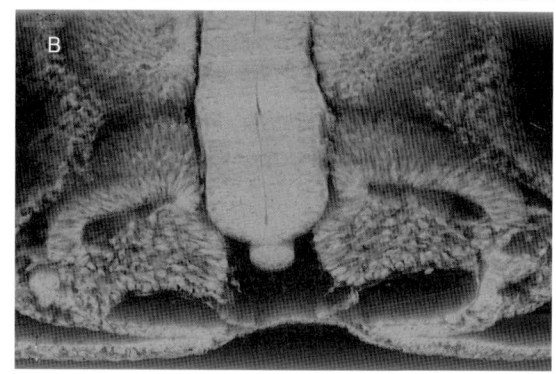

▶第2章 連続写真を用いたリアルな立体モデルの再構築法

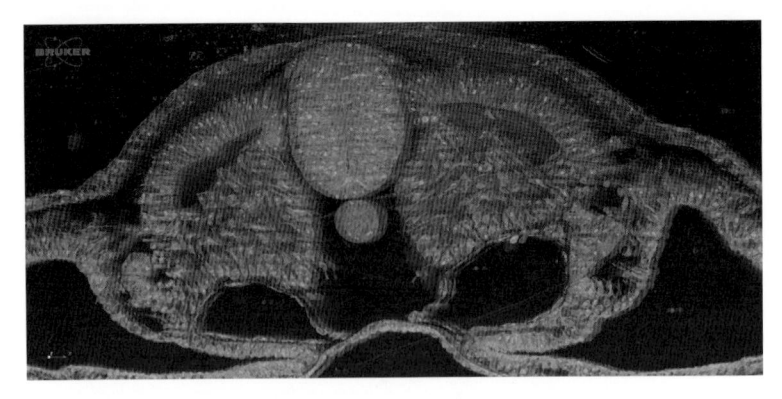

図2·31 CTvoxで作成されたアナグリフ用の写真の例
アナグリフ用の写真は赤色と青色の写真を少しずらして重ね合わせたように見える。この写真を赤色と青色のメガネを通して眺めると立体的に見える。

これは、Brucker社のX線MicroCT用の立体再構築ソフトとして開発されたものらしい。そのためか、高精細な立体モデルを簡単に作成することができる優れたソフトである。CTvoxは32ビット版だけでなく64ビット版もフリーで公開されているので、大きなデータをもとにした大規模な立体モデルを再構築することも可能である。このソフトは、DICOMファイルだけでなく、顕微鏡写真のJPEGやBMPなどのファイルの連続写真を読み込んでボリュームレンダリングすることができるので、今回の目的にはそのまま使用することができる。その操作に慣れると、連続した顕微鏡写真から高精細な立体モデルを簡単に作成することができる。しかも、このソフトはリアルタイムでアナグリフ（後述）の写真を表示できる機能もあるので非常に便利である（図2·31）。

最後に紹介するのは、理化学研究所から公開されているVoTracerというフリーソフトである（図2·32）。このソフトは、64ビット版のWindows 7で動くソフトとして紹介されているもので、DICOMやBMPなどのファイルの連続写真を読み込んでボリュームレンダリングすることができる。また、このソフトには他のものには無い便利な機能がある。それは、ボリュームレンダリングした立体モデルからサーフェスモデルを作ることができる機能で

2・2 サーフェスモデリング法とボリュームレンダリング法による立体モデルの再構築法の実際

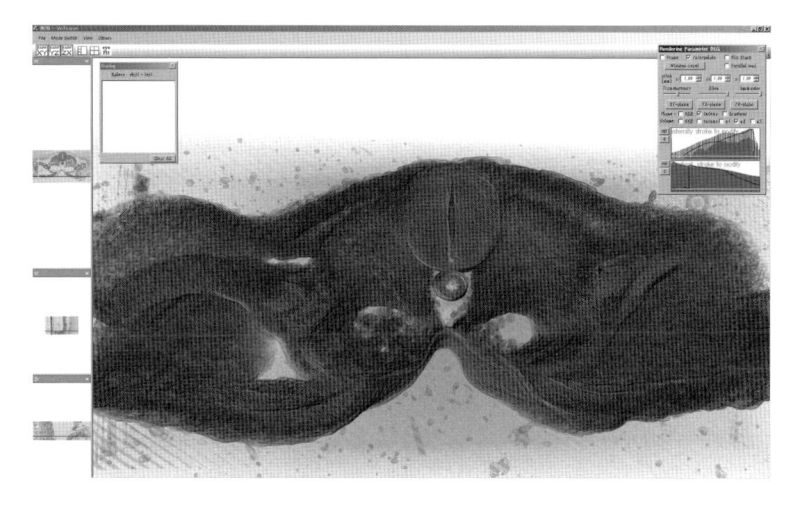

図2・32　VoTracer のスクリーンショット

ある。この機能を用いると、立体モデルを部分的に区分け（Segmentation）して、それを簡単な方法でサーフェスモデルに変換することができる。しかも、そのサーフェスモデルを CG の共通ファイルである obj や stl ファイルで保存する機能もある。obj や stl ファイルは一般の CG ソフトでも共通に扱える形式なので、出力された立体モデルのさらなる加工や、それらのモデルを組み合わせた高次構造のモデルの作成などもできる。

▶ 立体モデル作成の基本操作

　ボリュームレンダリングソフトは、フリーの簡便なものから市販の高価なものに至るまで、立体モデルを作成する際の基本操作はほとんど同じである。それゆえ、1つのソフトでその操作をマスターすれば、他のソフトでも同じようにして立体モデルを作成することができる。その操作の中心になるのが伝達関数の設定である。つまり、ボリュームデータを構成するボクセルの輝度値の分布を示すヒストグラムに対して、不透明度の値と色の領域を任意に設定して、目標とする表現の立体モデルを作り上げることである。

　不透明度の値と色の領域の設定のしかたを理解するには、それぞれのソフ

▶第 2 章　連続写真を用いたリアルな立体モデルの再構築法

トのマニュアルを見ながら、さまざまな種類の立体モデルを作成して経験を積むしかないであろう。とりあえず、ここでは、著者らが主に用いている Realia Professional を例に、立体モデル作成の過程の概略を紹介する（図2・33）。連続写真のデータを読み込むと、最初に、立体モデルが含まれたボ

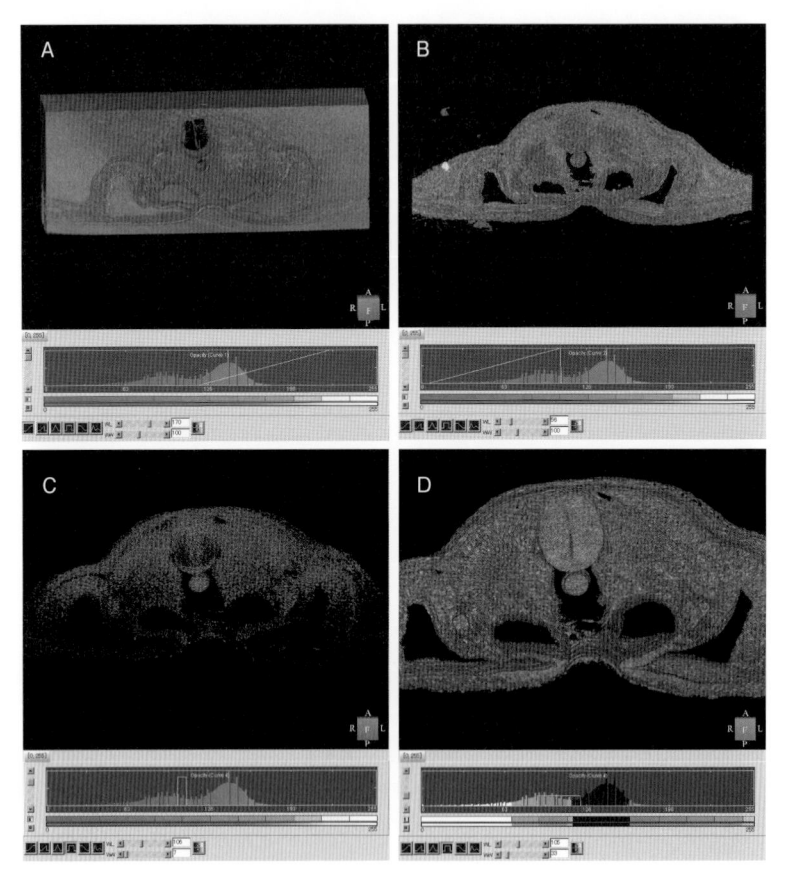

図 2・33　伝達関数の設定と立体モデルの作成
　　Realia Preofessional を用いてモデルを作成する場合の例を示す。ソフトにプリセットされている基本設定値により最初に描画されたモデル。ボリュームデータの全体が現れる（A）。不透明度を適度に設定するとボリュームデータの中からモデルの形が現れる（B）。モデルを構成する各部の構造の輝度値がヒストグラムのどこに分布しているか探索している様子を示す（C）。構造の各部に色を割り当てて完成したモデルを示す（D）。

2・2 サーフェスモデリング法とボリュームレンダリング法による立体モデルの再構築法の実際

リュームデータの構造が現れる。それと同時に、ボリュームデータの輝度値の分布を示すヒストグラムが表示されるので、そのヒストグラムに対して不透明度のカーブを適度に設定すると立体像が浮かび上がってくる。次に、その立体モデルを構成する各部の構造がヒストグラムのどの領域に分布しているのかを確認する必要がある。この作業は、立体モデルの各部の構造に特定の色を割り当てたり、各部の構造を他と分けて特別な表現で示したりする場合などに必要である。各部を確認する際には、幅の狭い矩形型に設定した不透明度のカーブを左右に移動させながら確認するとわかりやすい。そして、最後に、立体モデルの各部の構造を確認しながら不透明度のカーブを細かく調整して目標とする表現の立体モデルの形を仕上げる。

　以上の作業で描画された立体モデルは、まだ色付けされてないので、一般に、モノクロの状態である。次に、そのモデルをリアルに表現したり、特定の構造を他の部分と区別したりするために、立体モデルの各部の構造に対して色付けを行う。その際には、構造の各部が分布するヒストグラムの位置を確認しながら、それぞれの構造の位置に好みの色を割り当てる作業を行う。立体モデルの色付けについては、人体の立体モデルを作成する場合のように本来の色に似せて配色する場合もあるが、もともとあまり色のない組織などの場合には、立体モデルを理解しやすいように各自の好みに応じて擬似カラーを配色するのが合理的と思われる。その際に、色の組み合わせは無限にあるので、標本ごとに試行錯誤でさまざまな色の組み合わせを試して、その中から適当なものを選ぶのが良いであろう。これらの一連の作業は芸術作品を作るようなもので、色の配色などは立体モデルを作る人の好みが大きく反映される。それが完了したら、立体感を出すための影付けや、不透明度の再調整などを微妙に行って、高精細でリアルな感じの立体モデルに仕上げる。立体モデルの影付けを強調するには、そのモデルのヒストグラムの右端部分に黒色を配色すればよい。そして、最後に不透明度のカーブの値を上下させて立体モデルの精細さを微妙に調整すれば完成である。

▶第 2 章　連続写真を用いたリアルな立体モデルの再構築法

2・3　ボリュームレンダリングソフトを用いた特殊な技術

2・3・1　バーチャル顕微解剖

　OsiriX と Realia Professional には、立体モデルを加工して多様に表現できる機能がいくつもある。それらの中でも、利用価値が高いのは、立体モデルの一部を自由に削除できる機能と、必要な部分だけを取り出すことができる機能である。まさしくバーチャル顕微解剖とでも言えるような技術で、それらの作業をコンピューターのモニター上で簡単にできるのは画期的なことである。この方法を用いれば、さまざまな動物の胚や組織の内部構造の詳細まで自由自在に観察することが可能になる。たとえば、その 1 例として、ニワトリの初期胚を断面にして、体節を構成する個々の細胞を詳細に観察したり（図 2・34）、胚の一部を削除して神経堤細胞が体節の上を移動する様子などを直接観察したりすることも簡単にできる（図 2・35）。

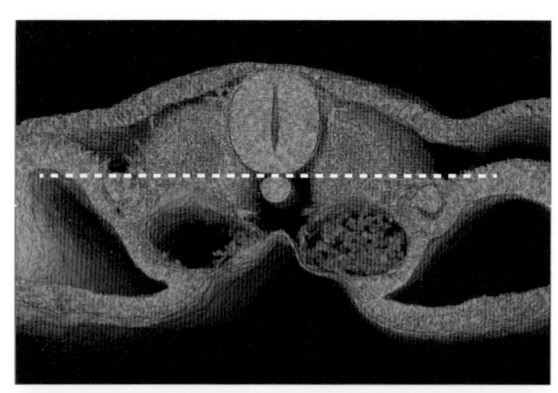

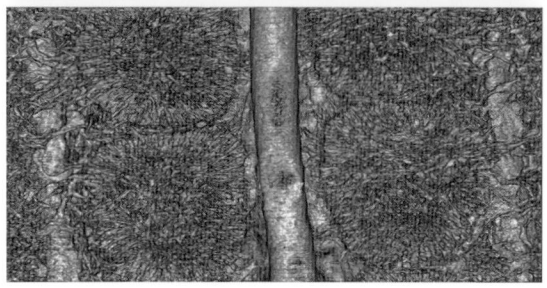

図 2・34　胚の断面の観察
Realia Professional を用いて作成されたニワトリ胚の断面を示す（上）。図 A の点線で示した部分でカットして、その下半分の構造を背側から見たもの（下）。その断面を眺めると、中央に存在する脊索の両側には、丸い体節の断面が見える。このように、断面を自由に設定すれば、その内部構造を細胞レベルまで詳しく観察できる。

2・3　ボリュームレンダリングソフトを用いた特殊な技術

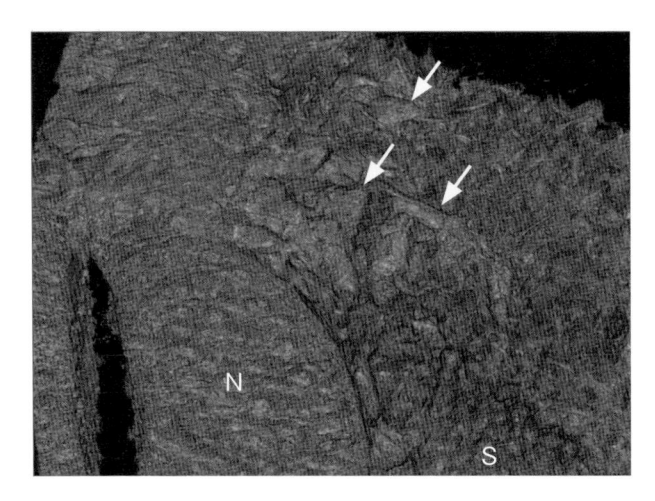

図2・35　ニワトリ胚の神経堤細胞
ニワトリ胚から外胚葉の部分を削除して、神経堤細胞（矢印）が見えるようにした。体節（S）の上と、体節と神経管（N）の間を移動する神経堤細胞を直接見ることができる。Realia Professional にある削除機能を用いて作成された。

　もう少し手の込んだ技術として、動物の器官や組織の内部に埋もれた構造を取り出して、その構造の詳細を観察することも可能である。たとえば、腎臓の組織の連続写真から立体モデルを再構築すると、そのままでは尿細管で埋め尽くされた四角柱の塊ができ上がるだけである。ところが、立体モデルの一部を自由に削除できる機能を利用すると、周囲を取り巻く尿細管の部分を削除して、その四角柱の中に埋もれている糸球体を剖出することができる（図2・36）。このような方法を用いれば、組織の中に埋もれていてその詳細を見ることができない構造でも、じゃまになる周囲の構造を取り除くことにより、その構造を詳細に観察することが可能になる。
　上述の方法とは逆であるが、構造の一部だけを取り出すことができる機能を利用すると、組織の塊の中から見たい構造物だけを取り出して、その構造の全体を詳細に観察することができる。たとえば、動物の胚から神経管、脊

81

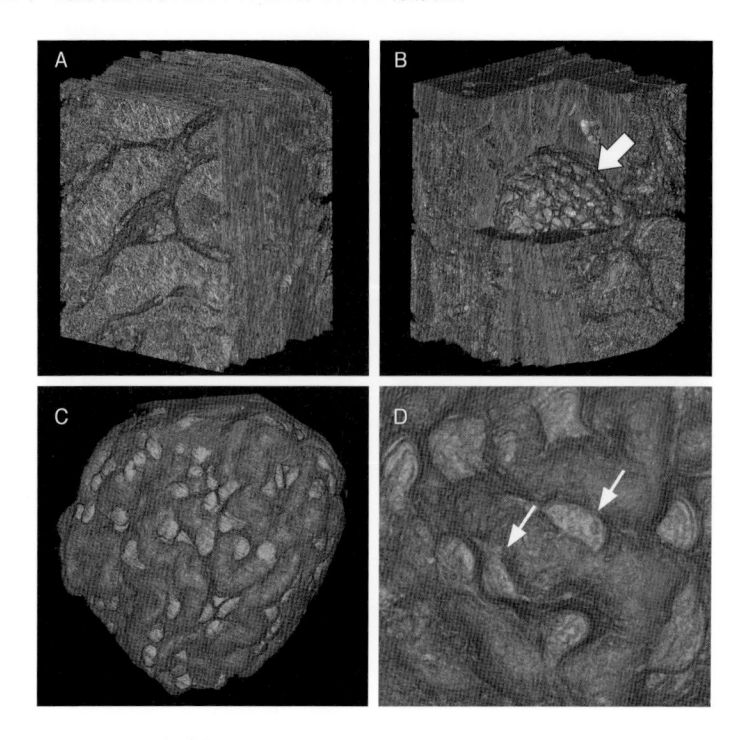

▶第 2 章　連続写真を用いたリアルな立体モデルの再構築法

図 2・36　糸球体の取り出し
　描画されたままの状態の立体モデルは尿細管の塊にしか見えない (A)。尿細管の部分を少しずつ削除していくと糸球体 (矢印) が見えてくる (B)。周囲の尿細管をすべて削除して糸球体だけを取り出したものを示す (C)。糸球体を拡大したもので、矢印は足細胞を示す (D)。Realia Professional にある削除機能を用いて作成された。標本はウサギの腎臓の一部を示す。エポキシ樹脂に包埋された連続切片 (厚さ 1 μm) が用いられた。

索、細胞などを個別に取り出して、それらを回転や拡大しながら自由自在に眺めて詳細に観察することも可能である **(図 2・37)**。このように、バーチャル顕微解剖が机上でいとも簡単にできる技術は、工夫次第では、生命科学の教育や研究など、さまざまな分野での利用価値が大きいと考えられる。

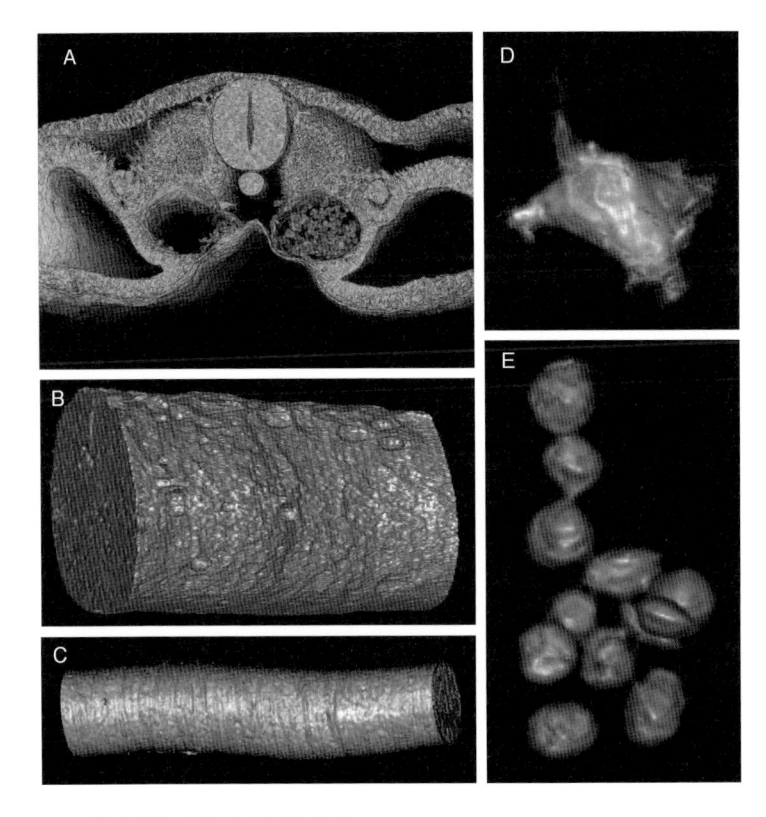

2·3 ボリュームレンダリングソフトを用いた特殊な技術

図 2·37 ニワトリ胚の分解
Realia Professional の抽出機能を用いてニワトリ胚から各部の構造を取り出して示したもの。
各部の構造を抽出する前のニワトリ胚の断面を示す (A)。B は神経管、C は脊索、D は間葉細胞、E は血球を示す。取り出した構造はそれぞれ個別に保存することができる。

2·3·2 2 種類の立体モデルを重ね合わせる機能

顕微解剖の他にも便利な機能はいくつもあるが、ここでは、もう 1 つの便利な機能を紹介する。それは融合（Fusion）と呼ばれる機能で、OsiriX にはその機能がある。この機能を用いると、強調したい構造だけを抽出して目立った色調で表現した後、それを目立たない背景色で示した全体の構造と重ね合わせることができる。それにより、示したい構造物だけを全体の構造の中

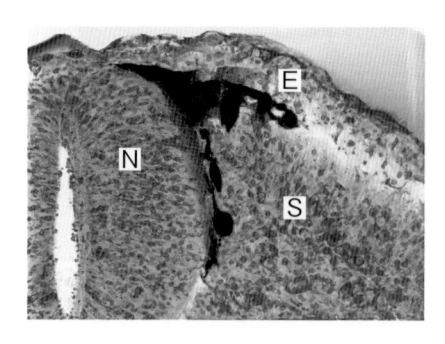

▶第2章 連続写真を用いたリアルな立体モデルの再構築法

図2・38 Fusion 機能を用いて作成されたモデル
OsiriX の Fusion 機能を用いて、ニワトリ胚の神経堤細胞の分布をわかりやすく示したモデル。黒く濃く見えるのが神経堤細胞で、E は外胚葉、N は神経管、S は体節を示す。

で強調して表現することができる。この機能は、がんを検査する方法の1つとして開発された、PET-CT (Positron emission tomography-CT) と呼ばれている検査用に用いられている。PET とは、放射線を出す薬剤を投与した後、放射線を感知するカメラで断層撮影することにより、放射性物質を取り込んだ体の部位を立体的に示す技術である。PET で得られた立体モデルと通常の CT で得られた立体モデルを重ね合わせることにより、がんなどの分布と、それが存在する臓器との位置関係がわかる。この融合の機能を利用すると、たとえば、免疫染色した組織の連続切片を用いることにより、抗体に反応した細胞が組織中でどのような分布をしているか強調して示すことができる。ここでは、その1例として、抗体に反応した細胞を真似て、ニワトリの胚の神経堤細胞に人為的な色付けをし、それらの細胞だけを抽出して得られた立体モデルに特別の配色をした後、その背景となる残りの立体モデルと一緒に重ね合わせた。この方法により、立体再構築した胚の中で抽出した細胞がどのように分布しているか強調して示すことができる（**図2・38**）。

　実は、Fusion 機能がなくても、同じように一部の構造や細胞を目立つように示すことは可能である。それは、連続写真の中で強調したい構造だけを他の部分と明瞭に区別できる色で塗りつぶすことである。つまり、目的の部分の輝度値を他の部分と分離した後、伝達関数の機能を用いて不透明度の値と色の領域をうまく設定すれば、全体の中で目的の構造だけを目立たせることができる（**図2・39**）。この方法ならば、目的の構造の塗りつぶしには少々手間がかかるが、どのソフトでも同じようなことができる。この際の塗りつぶし作業は、連続写真を ImageJ に読み込んでから、その画像処理機能を用

2·3 ボリュームレンダリングソフトを用いた特殊な技術

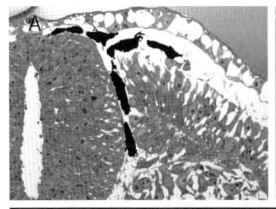

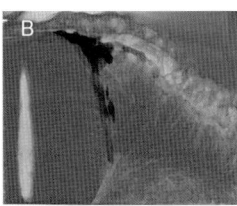

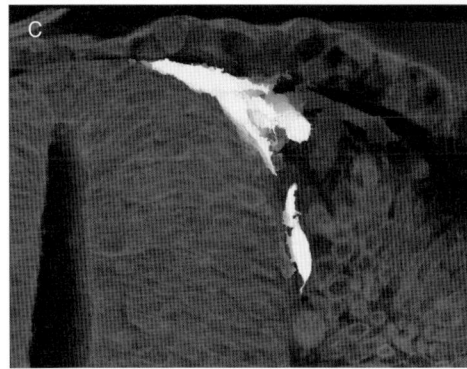

図 2·39 特定の構造を強調して示す方法
連続写真の中で強調したい構造（たとえば、ニワトリ胚の神経堤細胞）を濃い色で塗りつぶす（A）。BとCは神経堤細胞を塗りつぶした連続写真から作成したモデルの例を示す。モデルを作成する際には、伝達関数を適度に設定して、塗りつぶした神経堤細胞が目立つように不透明度と色の配色を設定する。Realia Professional で作成された。

いて1枚ずつ連続的に行うと効率が良い。

2·3·3 高精細な立体モデル作成の可能性

ボリュームレンダリングソフトで作成された立体モデルの高精細の程度は、用いた切片の厚さや、それを撮影した際の写真の解像度に依存する。人体の立体モデルを作成する際に用いられるX線CTやMRI装置で撮影された写真は、その性質上、ボケたような画質なので、あまり高精細な立体モデルの作成は期待できない。この方法では、現在の高性能な装置を用いても0.3 mm前後の構造の分解能が限界であろう。一方、顕微鏡撮影では非常に高解像度の写真を得ることができるので、それに見合った高精細な立体モデルの作成が期待できる。ただし、一般のパラフィンを用いた組織切片の場合にはいくつかの原因により高精細な立体モデルを作成するのは難しい。その原因の中でも、とりわけ無視できない大きなものは、標本の作成過程で起こる切片の伸縮やひび割れなどである。包埋剤であるパラフィンの性質上、そのような変形は避けられず、それが立体モデルの高精細化を困難にしている。も

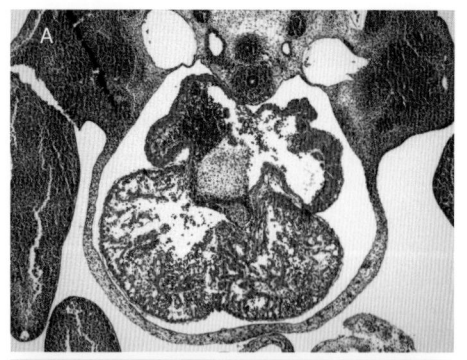

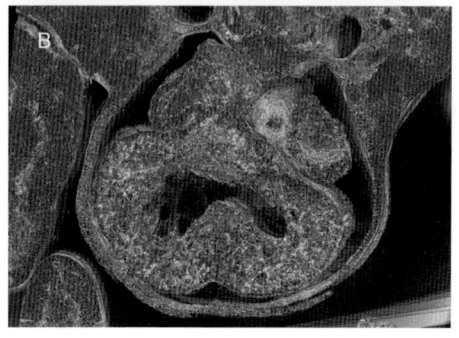

▶第2章 連続写真を用いたリアルな立体モデルの再構築法

図2·40 パラフィン切片を用いて作成されたモデル
マウス胚の心臓のパラフィン切片を示す（A）。パラフィンの連続切片を用いて作成された心臓の立体モデルを示す（B）。

う1つの原因は切片の厚さの問題である。パラフィン切片を作成する際には、数μm程度の厚さまでが限界で、1μm以下に薄く切るのは困難である。これらの原因がパラフィン切片による高精細な立体モデルの作成を困難にしている。しかしながら、これらの制約があっても、パラフィン切片を上手に作れば、作成された立体モデルの構造を数μm程度の分解能で作成することも可能である（図2·40）。

　パラフィン切片の場合よりもさらに高精細な立体モデルを作成するためには、切片の変形をできるだけ抑えて、可能な限り薄い切片を作ることが必要である。そのためには、包埋剤をパラフィンではなく、電子顕微鏡の標本作成に用いられているエポキシ樹脂を利用することである。それは、強度の高いエポキシ樹脂を包埋剤として用いることにより、パラフィン切片と比べてはるかに薄い切片の作成が可能で、切片の伸縮による変形も極力抑えることができるからである。しかしながら、それにも限界がある。著者らが試したところでは、切片の厚さは0.3μm程度までが限界であった。というのは、切片をそれ以上に薄く切ると、写真撮影に耐える程度の濃さにまで染色剤のトルイジンブルーで標本を染めることが難しくなるからである。それと同時に、切片をあまりに薄くしすぎると標本の伸縮が顕著になり、高精細さが期待できなくなる。

2・3 ボリュームレンダリングソフトを用いた特殊な技術

　以上のような限界のもとで、著者らはエポキシ樹脂切片（厚さ 0.3 μm）、100 倍の油浸 PlanApo レンズ（Olympus UPlanSApo、開口数：1.4）、一眼レフカメラ（キヤノンの EOS Kiss X2、1200 万画素）を用いて、腎臓の糸球体の立体モデルをできるだけ高精細に作成することを試みた。その結果、部分的にではあるが、糸球体の毛細血管網に巻きついている足細胞の足突起（pedicels、直径が約 0.2 μm）の存在を識別できる程度の立体モデルを作成することができた（図 2・41）。つまり、標本の変形をできるだけ抑えて可能な限り薄くした切片を用いれば、光学顕微鏡の分解能の限界に近い状態までの高精細な立体モデルを作成することが可能であることがわかった。このレベルまで到達すると、走査型電子顕微鏡に匹敵するくらいの像が得られる。しかも、この方法が素晴らしいのは、走査型電子顕微鏡ではできない便利な機能、たとえば、断面の観察、顕微解剖、融合などを机上のバーチャル空間において誰もが簡単にできることである。

　高精細な立体モデルを作成しようとする際に無視できない問題として、データサイズの増大がある。たとえば、切片を薄くすると、それに比例して写真の枚数が大きく増加する。さらに、それを高解像度で撮影すると、そのデータサイズは膨大（たとえば、数 GB から数十 GB）になり、一般のコンピューターソフトが扱えるレベルをはるかに超えてしまう。一般の 32 ビット版のボリュームレンダリングソフトが扱えるデータの限界は数十 MB から数百 MB 程度なので、それ以上に大きなサイズのデータから立体モデル

図 2・41　高精細な糸球体モデルの作成
高精細に作成されたウサギの糸球体を示す。写真の中の四角で囲まれた部分を見ると、毛細血管を取り巻く足細胞の 3 次突起や直径約 0.2 μm の足突起のレベルまで確認できる。矢印は足細胞を示す。

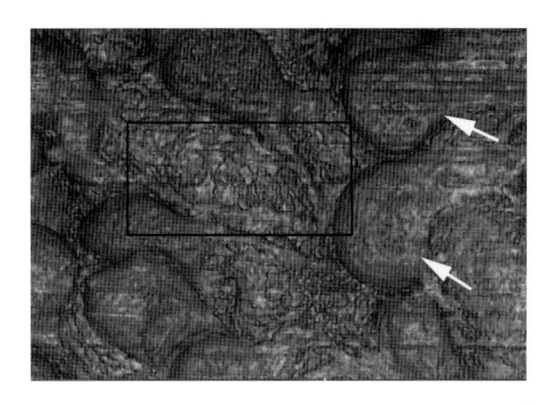

▶第 2 章　連続写真を用いたリアルな立体モデルの再構築法

を作成するのは困難である。また、64 ビット版のソフトでも、それが扱えるのは数 GB 程度までが限界であろう。たとえば、Realia Professional の 64 ビット版である RealINTAGE では 2 GB までが扱えるデータの限界である。しかも、数 GB のデータをボリュームレンダリングする際のコンピューターには、高性能のグラフィックカードの増設が必要不可欠である。以上のような状況を踏まえると、高精細な立体モデルを作る際には、必要以上に写真の枚数を増やさないことと、写真の中の目的とする構造の部分だけをトリミングしてデータの容量を可能な限り減らすことなどに注意することが重要である。

2・4　立体モデルの簡単な観察法

　作成した立体モデルを実際の教育や研究などで活用するためには、作成された立体モデルを誰もが簡単な方法で立体観察できなければ、その利用価値は大きく下がってしまう。できれば、特別な方法やソフトなどを用いなくても、立体モデルを回転、拡大、縮小しながら観察でき、さらには、その断面構造や内部構造までも自由自在に観察できることが望ましい。ソフトに対応した専用の 3D ビューアーがある場合には、そのような観察が簡単にできるかもしれない。しかしながら、さまざまなソフトで作成された立体モデルを汎用の教材として使用するには、特別な 3D ビューアーがなくても、それらのモデルを簡単に立体視できる方法があれば非常に便利である。ここでは、その方法についていくつか紹介する。

2・4・1　印刷された写真を用いて立体モデルを観察する方法

　最も簡単にできる立体モデルの観察法は、立体モデルの角度を少し傾けて撮影した 2 枚の写真を横に並べ、それらを裸眼や専用のメガネを用いて観察することにより立体視する方法である。その方法を用いれば、紙に印刷した写真、あるいは、モニター画面上に表示した 2 枚の写真だけでも、静止状態ではあるが、モデルを立体視することが簡単にできる。この方法は交差法や平行法と呼ばれている。平行法は左右の図をそれぞれ左右の眼で別々に見る

2·4 立体モデルの簡単な観察法

方法で、交差法は左右の図をそれぞれ逆の眼で見る方法である（図 2·42）。両者の方向を比較すると、交差法のほうが立体視しやすいと思われる。

　ヒトの脳は、両眼に映る像の角度のずれから物体の立体的な構造や、それらの位置関係を認識するというしくみを利用したのがこれらの方法である。つまり、左右の目に角度が少し傾いた 2 枚の立体モデルの写真（ステレオ写真）を見せることにより、写真に写ったモデルを立体的に認識させるという方法である。このしくみをうまく利用すると、細工をした 2 枚の写真を用いるだけでも、そこに写っている画像を立体視することができる（図 2·43）。この方法は簡単で、慣れると裸眼でも問題なく立体視することができるよう

図 2·42　ステレオ写真を用いた立体視
角度を少し傾けて撮影された 2 枚の写真を用いて立体視する方法には、平行法と交差法がある。

交差法　　　　　平行法

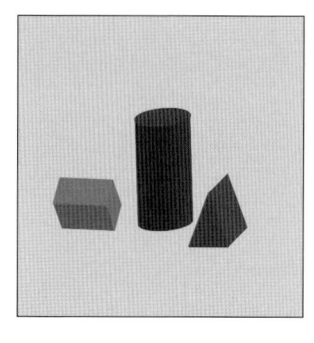

図 2·43　ステレオ写真の原理
角度を少し傾けて撮影した写真のように物体を配置した 2 枚の図を示す。これらの図を交差法で観察すると、右の三角柱、左の長方体、そして中央の円柱の順で観察者の近くに存在するように見える。

89

▶第 2 章　連続写真を用いたリアルな立体モデルの再構築法

になる。裸眼で立体視しにくい人のためには専用のメガネが安価で販売されているので、それを用いると誰でも容易に立体視することができる。

　同じようなしくみにより、1 枚の写真だけでも立体視することができるアナグリフと呼ばれる方法がある。この方法では、立体モデルを傾けて撮影した 2 枚の写真を、それぞれ赤と青色に変換し、それらを重ね合わせて 1 枚の写真に合成する。合成された写真を見ると、左に赤色、そして、右に青色の写真が少しずれて重ね合わされているのがわかる。その合成写真を赤（左目）と青色（右目）のフィルターのメガネを透して見ると、左目には赤色の図だけが、そして、右目には青色の図だけが見えることになる（**図 2・44**）。つまり、前述した平行法や交差法などと同じことを 1 枚の合成写真を用いて行っているわけである。その結果、写真のモデルが立体的に認識される。角度を傾けて撮影された 2 枚の写真から 1 枚のアナグリフ写真を作成するフリーソフト（ステレオフォトメーカー、StereoPhotosJ、AnaMaker など）がいくつも公開されているので、それらを用いればアナグリフ用の写真を簡単に作ることができる。そして、その写真を観察するための 2 色のメガネも、紙とセロハンで作られたものが安く販売されているのでそれらを準備するだけで、写真のモデルを立体視することができる。

　一般に市販されている赤と青色のアナグリフ用のメガネは光の透過性があまり良くないので、アナグリフの写真を観察する際に違和感があり、目が非常に疲れる。そこで、著者らがいろいろと試した結果、カ

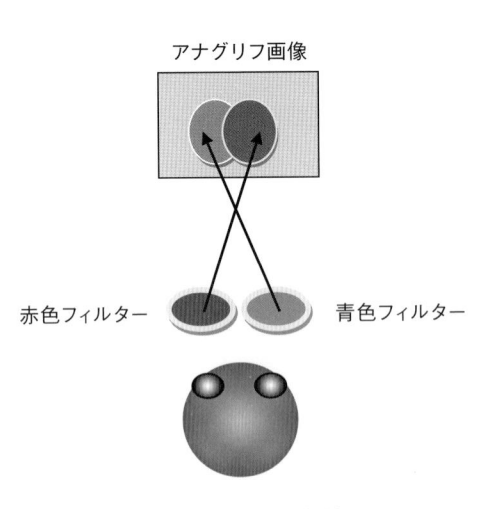

図 2・44　アナグリフによる立体視の原理
　角度を少し傾けて撮影された赤色と青色の 2 枚の写真から合成されたアナグリフ写真を赤（左目）と青色（右目）のフィルターを通して見ると、交差法と同じように写真の構造を立体視することができる。

メラの撮影用に販売されている三原色 B.G.R フィルター（たとえば、Kenko Tokina の SP カラーセットなど）を購入して、その中の赤と緑色のフィルター（青よりも緑が見やすい）を透明な防御メガネなどに装着（接着）して使用すると、市販のプラスチック製のメガネと比べて、写真や画面が明るく見え、目も疲れにくい。しかも、赤と緑のフィルターを用いても、立体視にはほとんど問題がない。しかしながら、フィルター特性の良いものを使用すると色が見えにくくなるかもしれない。もし、青色の代わりに緑色のフィルターを使う場合には、アナグリフの画像もそれに合わせて画像処理ソフトで色を修正すると、さらに見やすいものになるであろう。

　平行法と交差法、そして、アナグリフは写真のモデルの立体観察が簡単にできる実用的な方法であるが、それぞれには一長一短がある。たとえば、横に並べた 2 枚の写真を重ね合わせてみることが苦手な人には平行法や交差法は向かないであろう。その場合にはアナグリフによる立体視がお薦めである。しかし、アナグリフでは赤と青の 2 色のメガネを通して像を観察しなければならないために、モデルの色の再現性が悪い。とくに緑色が削除されるので、立体モデルの色調の変化や色ずれなどの問題が生じる場合がある。その場合、色を削除しても立体の観察に問題がなければ、そのモデルの写真をモノクロに変換してアナグリフ用の写真を作成することをお勧めする。

　以上の方法とは少し異なるが、同じく、傾けて撮影された 2 枚の写真を用いて簡単に立体視できる方法がある。この方法は、傾けて撮影した 2 枚の写真を速い速度でモニター画面上に交互に表示する方法である。そのための専用のフリーソフトには、ぷるぷる立体視ビューアなどがある。そのしくみは簡単で、上述した平行法、交差法、アナグリフなどと基本的に同じ方法である。つまり、撮影した角度の異なる 2 枚の写真を短時間の周期で交互に見ていると、写真が立体的に錯覚できるというものである。上述の方法と比べると一長一短はあるものの、画面の振動が気にならなければ、少し見やすいかもしれない。また、この方法だと、アナグリフとは異なり、色が正常に見える。

　また、以上のような簡単な方法の他にも、少し高度な技術ではあるが、写真を立体視する方法がいくつも実用化され、立体テレビ放送などに用いられ

▶第 2 章　連続写真を用いたリアルな立体モデルの再構築法

ている。たとえば、液晶シャッターメガネや偏光メガネなどを用いる方法や、特殊なディスプレーを用いる方法などがある。たとえば、液晶シャッターを用いる方法では、傾けて撮影された立体モデルの 2 枚の写真をモニター画面上に交互に高速で表示し、それに同期した液晶シャッター付のメガネ（左右の視界が交互に遮蔽される）で観察するものである。つまり、傾けて撮影された立体モデルの 2 枚の写真をモニター画面上に交互に表示し、それらを左右の目で交互に見ることにより、そのモデルが立体的に認識できるというしくみである。いずれの方法も、基本的には平行法、交差法、アナグリフなどと同じで、傾けて撮影された写真を左右の眼から別々に見ることにより、その写真を立体的に認識（錯覚）できるというしくみを利用したものである。

2・4・2　立体モデルをムービーで示す方法

　立体モデルを静止画で見る方法よりも、立体モデルを動かして見ることができれば立体モデルの複雑な構造の理解力がさらに増すと考えられる。その簡単な方法は立体モデルをムービーにして示すことである。フリーのボリュームレンダリングソフトでも、立体モデルを一定方向に回転するだけの簡単なムービー機能が付いているものがある（たとえば MRIcroGL など）ので、それを利用する方法がある。一方、OsiriX や Realia Professional にはさらに複雑なムービー機能（モデルの移動や拡大、断面の表示、透明度の連続変化など）が付いているので、それらのムービー機能を利用すれば、コンピューターに標準的に組み込まれているマルチメディアプレイヤーや QuickTime プレイヤーなどを用いて、立体モデルの構造を詳細に観察することができる。

2・4・3　立体モデルを一般の 3D ビュアーで観察する方法

　サーフェスモデル作成用のソフトの場合には、作成された立体モデルを一般の CG ソフトに共通したファイル形式（たとえば VRML など）で保存できるものが多い。そのために、異なるソフトで作成された立体モデルでも、一般に公開されている 3D ビュアーを用いれば、そのモデルを容易に観察す

ることができる。一方、ボリュームレンダリングされた立体モデルでは、それぞれのソフト独自のファイル形式でしか保存できない場合がほとんどなので、立体モデルを共通の 3D ビューアーで観察することは困難である。

　もし、ボリュームレンダリングされた立体モデルの場合でも、それを CG ソフトに共通したファイル形式で保存することができれば、一般の 3D ビューアーでも簡単に見ることができる。たとえば、OsiriX には、ボリュームレンダリングした立体モデルをサーフェスモデルに変換して、stl、obj、VRML などのファイル形式で保存できる機能がある。また、VoTracer にもボリュームレンダリングした立体モデルからサーフェスモデルを作成して、それを obj や stl ファイルで保存できる機能がある。それらの機能を用いれば、ボリュームレンダリングされた立体モデルを一般の 3D ビューアーでも見ることが可能である。

　一般に、ボリュームレンダリングされた立体モデルをサーフェスモデルに変換して利用する場合には、変換前のモデルが単純な表面構造のものに限られる。たとえば、OsiriX を用いて内部構造まで含めた複雑な構造をそのままサーフェスモデルに変換すると、メモリーサイズが非常に大きくなり、その取り扱いがたいへんになる。それだけでなく、不必要に複雑なサーフェスモデルを作成しても、その内部構造の理解に苦しむだけであまり意味がない。しかしながら、簡単な構造だけでもよいから、ボリュームレンダリングした立体モデルを stl、obj、VRML ファイルなどに変換することができればたいへん便利である。それは、ボリュームレンダリングで作成された立体モデルを一般の 3D ビューアーで観察したり、CG ソフトに読み込んで立体モデルを加工したりすることができるからである。さらには、以下に述べるように、立体モデルを PDF ファイルに変換して、それを Acrobat Reader を用いて簡単に観察できるようにもなるからである。

2・4・4　立体モデルを Acrobat Reader で観察する方法

　特別の 3D ビューアーを使用しなくても、コンピューターには必ずと言ってよいほどインストールされているフリーソフトの Acrobat Reader（バージョ

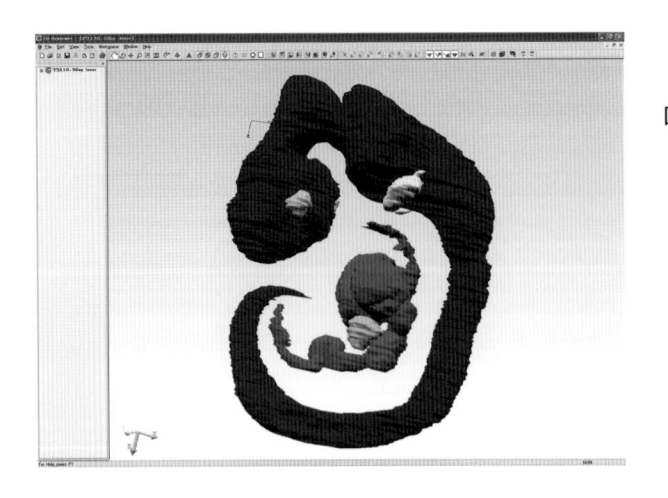

▶第 2 章　連続写真を用いたリアルな立体モデルの再構築法

図 2·45　3D PDF Converter のスクリーンショット
VRML ファイルのモデルを読み込んだところを示す。このモデルを PDF ファイルで保存すれば、Acrobat Reader で開いて立体モデルを観察することができる。

ンが 8 以上のものが必要）を用いて、立体モデルを自由自在に観察することができる非常に便利な方法がある。それは、さまざまなファイル形式のサーフェスモデルを PDF ファイルに変換して、Acrobat Reader を 3D ビュアーとして利用する方法である。サーフェスモデルを PDF ファイルに変換するソフトとしてよく知られているのが、Tetra4D 社から販売されている 3D PDF Converter というソフトである（図 2·45）。しかし、それを購入しなくとも、サーフェスモデルを PDF ファイルに簡単に変換できる高機能なフリーソフトが公開されている。それは、Bentley 社から機能限定版として公開されている Bentley View V8i と呼ばれるソフトである（図 2·46）。これらのソフトを用いればサーフェスモデルを PDF ファイルに簡単に変換して、特別な 3D ビュアーがなくとも、その立体モデルを Acrobat Reader だけで簡単に観察することができる。その際の 3D ビュアーとしての Acrobat Reader の機能は優れており、立体モデルの回転、拡大、断面の表示、多様な影付け、構造の各部の分解など、専門的な 3D ビュアーに負けないくらい多くの機能が完備している（図 2·47）。さらに、サーフェスモデルを取り込んだ PDF ファイルは比較的に小さなメモリーサイズのファイルに変換されるので、それをインターネットでやり取りすることも簡単にできる。

2・4 立体モデルの簡単な観察法

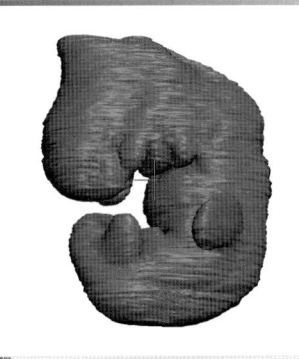

図 2・46 Bentley View V8i のスクリーンショット
obj ファイルのモデルを読み込んだところを示す。このモデルを PDF ファイルで保存すれば、Acrobat Reader で開いて立体モデルを観察することができる。

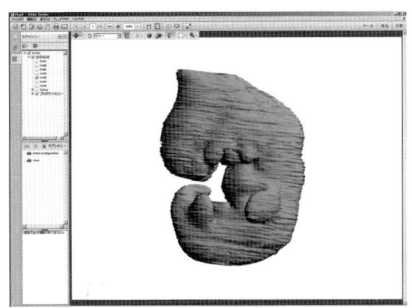

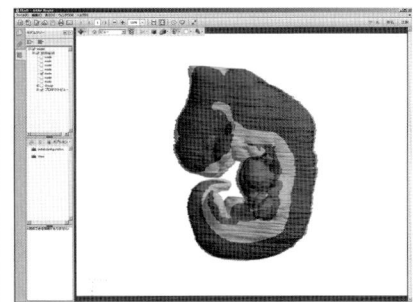

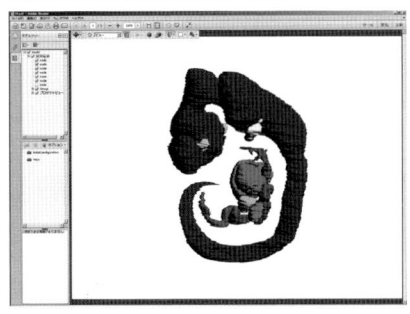

図 2・47 Acrobat Reader による立体モデルの観察
　PDF ファイルに変換された VRML 形式の立体モデル（Reconstruct により作成されたモデル）は、Acrobat Reader を用いて、さまざまな表現法で観察することができる。たとえば、内部構造を透かしてみたり、内部の一部の構造だけを示したりすることができる。もちろん、それらを拡大、縮小、回転などをしながら観察できる。さらに、その任意の断面を見ることも可能である。

▶第 2 章　連続写真を用いたリアルな立体モデルの再構築法

▶ 連続切片から立体モデルを再構築するためのソフトと、そのモデルの観察に必要なソフト　（2014 年 8 月現在）

連続写真を整列させるソフト
ImageJ；　http://rsb.info.nih.gov/ij/
＊プラグインソフトの Turboreg と Stackreg をダウンロードして、ImageJ のプラグインフォルダーの中に入れておく。
sEM align；　http://synapses.clm.utexas.edu/tools/index.stm

トレース画像から立体構築するソフト
Reconstruct；　http://www.bu.edu/neural/Reconstruct.html
　　　　　　　　http://synapses.clm.utexas.edu/tools/index.stm

ボリュームレンダリングソフト
OsiriX；　http://www.OsiriX-viewer.com/　（64 ビット版は寄付金が必要）
Realia Professional；　http://www.cybernet.co.jp/medical-imaging/products/realiapro/　（有料、アカデミック価格あり）
SSC DICOM 3D Viewer；　http://www.ssc.ne.jp/
VoTracer；　http://www.riken.jp/brict/Ijiri/VoTracer/index.html
Ctvox；　http://www.skyscan.be/products/downloads.htm
MRIcroGL；　http://www.mccauslandcenter.sc.edu/mricrogl/
＊　I do imaging（ボリュームレンダリングソフトを紹介している Web サイト）；　http://www.idoimaging.com/

立体モデルをファイル変換するソフト
MeshLab；　http://www.meshlab.org/

2・4 立体モデルの簡単な観察法

平行法、交差法、アナグリフ画像などを作成するソフト

ステレオフォトメーカー（SPM, stphmkr）； http://stereo.jpn.org/jpn/stphmkr/index.html?utm_source=twitterfeed&utm_medium=twitter

StereoPhotosJ； http://www.geocities.jp/sasagelab/stereo34.html

AnaMaker； http://www.stereoeye.jp/index_j.html

ぷるぷる立体視ビューア； http://mclab.uunyan.com/dl/dl22.htm

立体モデルを 3D PDF ファイルに変換するソフト

Bentley View V8i；http://www.bentley.com/ja-JP/Products/Bentley+View/

3D PDF Converter； http://www.3dpdf.jp/ （有料、アカデミック価格あり）

3D ビュアーソフト

Cortona 3D Viewer； http://www.cortona3d.com/cortona3d-viewer-download

VRMLView Pro； http://dor.huji.ac.il/3d_finds.html

立体モデルを加工する CG ソフト

Metasequoia； http://metaseq.net/jp/ （機能限定版はフリー）

DoGA； http://doga.jp/ （DoGA-L1 はフリー、DoGA-L2, L3 は有料、ただし教育機関無料の制度あり）

Blender； http://blender.jp/

SketchUp Make； http://www.sketchup.com/ja/download （機能限定版はフリー）。

第3章

分子の立体モデルの作成法

　この章では、分子の立体モデルを作成してそれを観察するための簡単な方法を紹介する。それらの方法は研究用だけでなく、教育用にも大きな利用価値があると思われる。それは、分子の構造を平面に描かれた模式図で理解するよりも、その立体モデルを回転や拡大しながら眺めると同時に、その断面や内部構造まで見ることができれば、その詳細な構造を容易に理解することができると考えられるからである。それゆえ、分子の立体モデルを作成して、それを教育用や研究用として簡単に利用できる技術があれば非常に便利である。ここでは、それらの技術について具体的に紹介する。

　タンパク質などの分子構造を立体モデルとして作成するのは、前章で紹介した動物の胚や組織の立体モデルを作成する場合と比べて、はるかに容易である。それは、分子モデルの作成に必要な、膨大な数のタンパク質の数値データ（一次構造、二次構造、三次構造などの数値データ）が、いくつかの専門のWebサイトからフリーで一般公開されているからである。それゆえ、必要なタンパク質のデータをそれらのホームページからダウンロードし、それらを分子モデル作成用のソフトで開けば、ただちに分子の立体モデルを作成することができる。

　また、糖やアミノ酸などの低分子の数値データについても、いくつかの個人的なWebサイトで公開されているので、それらをダウンロードして利用することができる。もし、必要とする低分子のデータが見つからなければ、化学式をもとに分子の数値データを自分で作成し、それをもとに立体モデルを簡単に作ることも可能である。このように、いろいろな種類の分子データが簡単に手に入るので、それらを準備しさえすれば、数多く公開されている

3・1 分子構造の数値データ

分子モデル作成用のフリーソフトを用いて、誰でも簡単に分子の立体モデルを作成することができる。以下に、一般に公開されているフリーソフトと分子の数値データを用いた分子モデルの作成法について紹介する。

3・1　分子構造の数値データ

　コンピューターで分子モデルを作成する際の数値データには、いくつかのファイル形式が用いられている。よく知られているのが PDB（Protein Data Bank）ファイル（拡張子は pdb）と MDL MOL ファイル（拡張子は mol）である。それらの中でも、世界共通のファイル形式として一般的に用いられているのが PDB ファイルである。PDB ファイルの中には、X 線結晶解析や NMR（核磁気共鳴）などによる分子解析から得られたタンパク質の数値データが詳しく書き込まれている。そのデータには、タンパク質を抽出した生物の名称、それを登録した人の名前、分子を構成する原子座標など、さまざまな情報がテキストファイルで書かれている。それらの内容については Windows のワードパッドや Office の Word などで開いて見ることができる（図 3・1）。

　すでに、膨大な数のタンパ

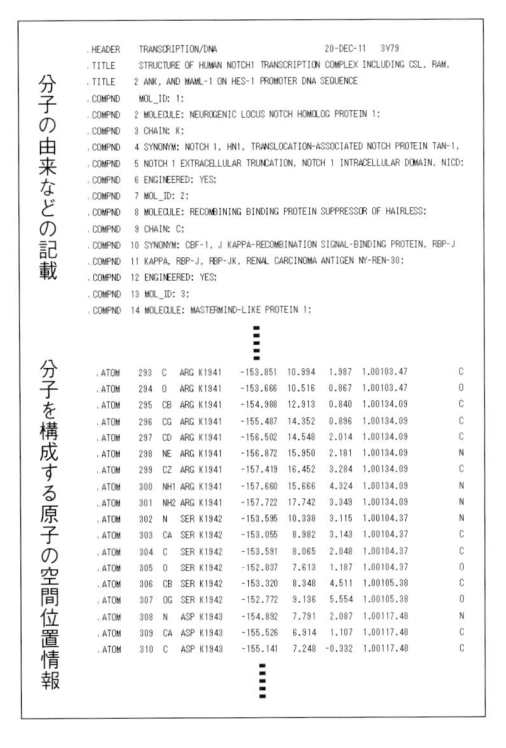

図 3・1　PDB ファイルの内容
PDB ファイルを Office の Word などで開くと、その内容を見ることができる。

▶第3章　分子の立体モデルの作成法

ク質の分子データが登録されており、それらはPDBファイルとしてデータベース化され、世界中の多くの研究者や教育者たちに利用されている。現在、そのPDBファイルの登録や管理を行うとともに、それらのデータを世界中に公開する役割を果たしているのがWorldwide protein data bank（wwPDB）である。このwwPDBはResearch collaboratory for structural bioinformatics（RCSB）（図3·2）、Protein data bank Europe（PDBe）、そして、Protein data bank Japan（PDBj）の3つの研究組織から結成され、誰でもそれらのホームページから自由にタンパク質のPDBファイルをダウンロードすることができる。現在、そこに登録されているPDBファイルの数は101,741分子（2014年7月現在）に達しており、その登録数は日々増加している。

図3·2　PDBファイルのデータベースを公開しているWebサイト
ここに示したRCSBはwwPDBを結成する3つの研究組織のうちの1つである。wwPDBの3つのホームページのどこからでもタンパク質のPDBファイルをダウンロードすることができる。

3・2　PDBファイルから分子の立体モデルを作成するためのソフト

　現在、PDBファイルから分子モデルを作成するためのフリーソフトは世界中で数多く公開されている。それらのソフトには多種多様なものがあり、学生の教育用に適した初心者向けの簡単なものから、生命科学の研究や教科書などの出版物にも利用できるような本格的なものまである。ここでは、初心者向けのソフトとしてはRastop（Rasmolの改良版）、そして、本格的な機能をもつソフトとしてはWebLab ViewerLite、Discovery Studio Visualizer（DS Visualizer）、UCSF Chimera（Chimera）などを中心に、それらを用いた分子の立体モデルの簡単な作成法について紹介する。

　Rastopの前身であるRasmolは、オープンソースのフリーソフトとしてRoger Sayle（Biomolecular Structures Group, Glaxo Wellcome Research & Development, Stevenage, Hertfordshire, UK）により開発され、その後、多くの人による改良を経て現在に至っている。このRasmolは操作が簡単で幅広いOSに対応し、安定的に動作するソフトとして、教育用などに広く利用されている。そして、その改良版としてWindowsとLinux専用のソフトとして公開されているRastopにはさらに多くの機能が追加され、より高機能で使いやすいものに改良されている（**図3・3**）。

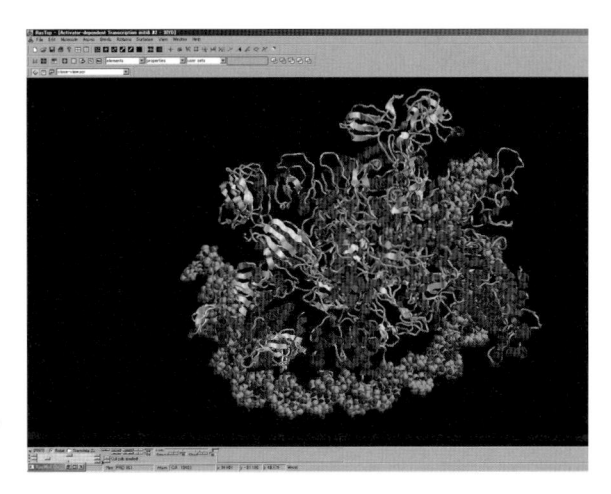

図3・3　Rastopのスクリーンショット

▶第 3 章　分子の立体モデルの作成法

　DS Visualizer は、アクセルリス社（Accelrys）から販売されている分子の立体モデル作成用の高機能なソフトで、その機能限定版がフリーソフトとして一般に公開されている（図 3・4）。この DS Visualizer の前身は、以前に Molecular simulations 社から販売されていた WebLab Viewer である。当時、その機能限定版として WebLab ViewerLite がフリーで公開されていた（図 3・5）。現在、WebLab ViewerLite の正式な公開は停止されているが、その使いやすさと高機能から、今でも第三者により公開されている。WebLab

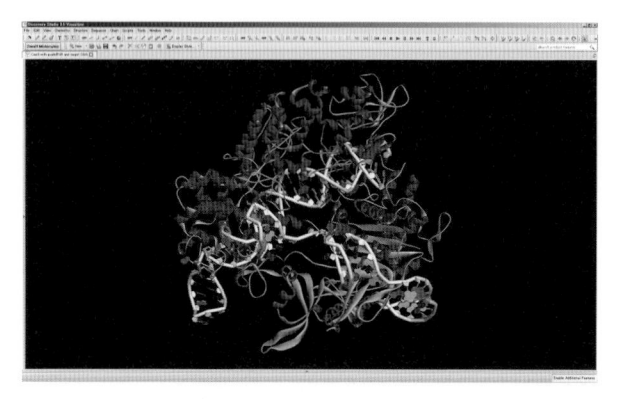

図 3・4　DS Visualizer の
　　　　　スクリーンショット

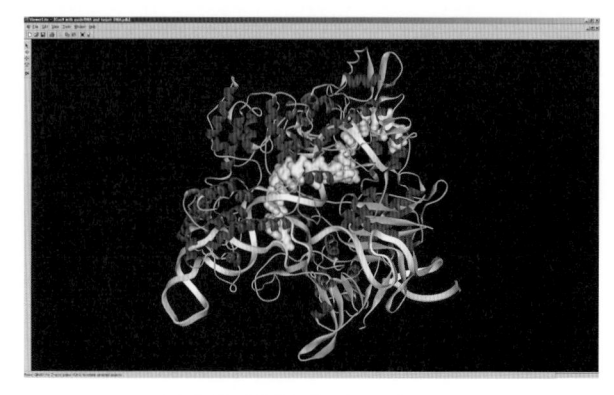

図 3・5　WebLab ViewerLite の
　　　　　スクリーンショット

ViewerLite は DS Visualizer と同じような基本機能をもち、Windows の幅広い OS のもとで安定的に動作して、簡単な操作でさまざまな表現の分子モデルを作成することができる。そのために、実用的で便利なソフトの 1 つとして今でも多くの人たちに利用されている。それゆえ、DS Visualizer を扱う前に、WebLab ViewerLite を手に入れて、それで練習するのも 1 つの方法である。

　Chimera はカルフォルニア大学サンフランシスコ校（University of California, San Francisco）の Resource for Biocomputing, Visualization, and Informatics（RBVI）により開発されたフリーソフトで、DS Visualizer と同じように、多様な表現の分子モデルを容易に作ることができる高機能なソフトである（図 3・6）。そして、ソフトの改良も頻繁に行われており、その機能は進化を続けている。この Chimera と DS Visualizer の機能にはそれぞれに特徴があり、独自の便利な機能もあるので、両者を用いれば、さまざまな表現の分子モデルを作成することができる。

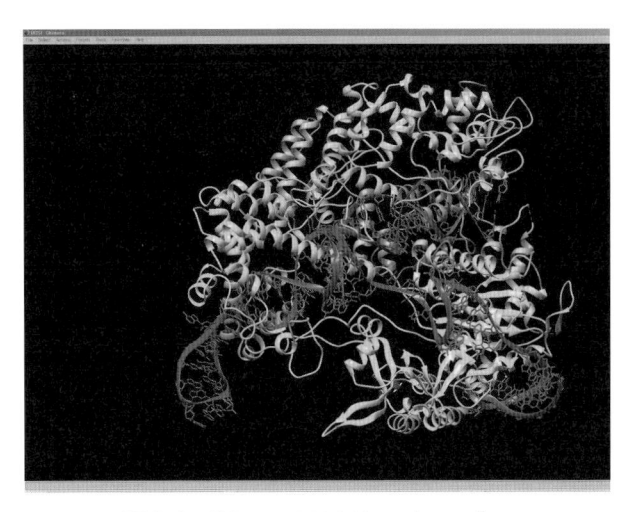

図 3・6　Chimera のスクリーンショット

▶第3章　分子の立体モデルの作成法

3・3　分子の立体モデル作成の実際

　ここでは主に、WebLab ViewerLite と DS Visualizer、そして、Chimera を用いた分子モデル作成法の具体的な例について紹介する。分子モデルを作成するためには、前述の RCSB、PDBe、PDBj、wwPDB などのホームページから必要な分子の PDB ファイルをダウンロードする必要がある。それらの Web サイトには、タンパク質の全体構造から、その構造の一部のデータま

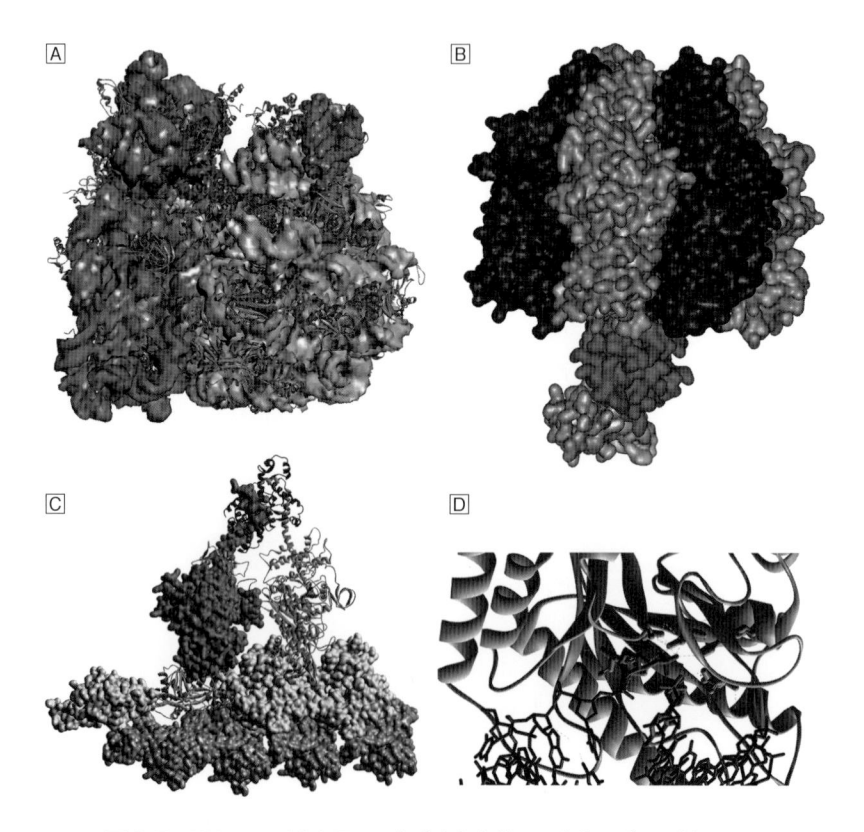

図 3・7　PDB ファイルを用いて作成された分子の立体モデルの例
　　A はバクテリアのリボソーム、B は ATP 合成酵素の F1 サブユニット、C はアクチンとミオシン、D はエンドヌクレアーゼと DNA を示す。モデルは WebLab ViewerLite で作成された。

3·3 分子の立体モデル作成の実際

で含めて、さまざまな種類のものが登録されている。それらの中から目的のタンパク質の PDB ファイルを探し出す場合には、分子の名称や、それぞれの分子につけられた固有の ID 番号（4 桁の英数字）で検索すれば、それに関連する分子の PDB ファイルを探し出すことができる。それらの中から必要な分子の PDB が見つかったら、それをダウンロードして分子モデル作成用のソフトで開けば基本的な表現の分子モデルがただちに作成される。その基本モデルをもとに、ソフトに備わったさまざまな機能を操作すれば、多様な表現で分子モデルを作成することができる（図 3·7）。

3·3·1 分子の立体モデルの表現法

分子モデルを作成する際には、いくつかの表現方法が用いられている（図 3·8）。簡単なものには、細い線で表した Line モデルや、太い棒状の構造で表した Stick モデルなどがある。よく用いられているのが、分子モデルをボールと棒で表した Ball-and-Stick モデルである。このモデルでは、原子をボールで、そして、原子どうしの共有結合を棒で表現している。これらの他に、よく用いられているのが、分子モデルをボールの集合体のように表現し

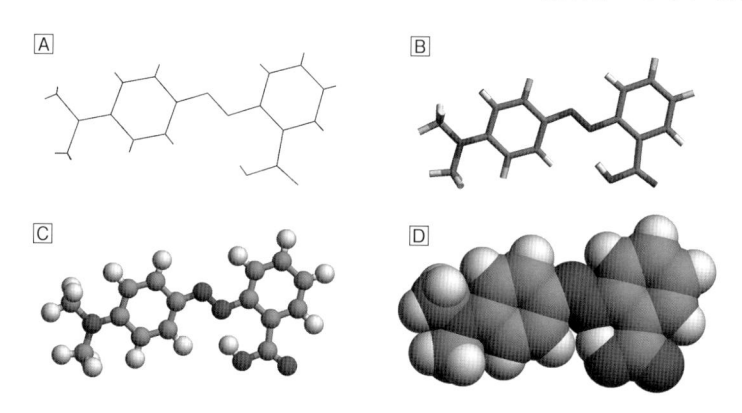

図 3·8　メチルレッドの分子モデル
A は Line モデル、B は Stick モデル、C は Ball-and-Stick モデル、D は CPK モデルを示す。C の Ball は原子を、そして、Stick は共有結合を表している。D のモデルでは原子をファンデルワールス半径のボールで表している。モデルは WebLab ViewerLite で作成された。

▶第 3 章　分子の立体モデルの作成法

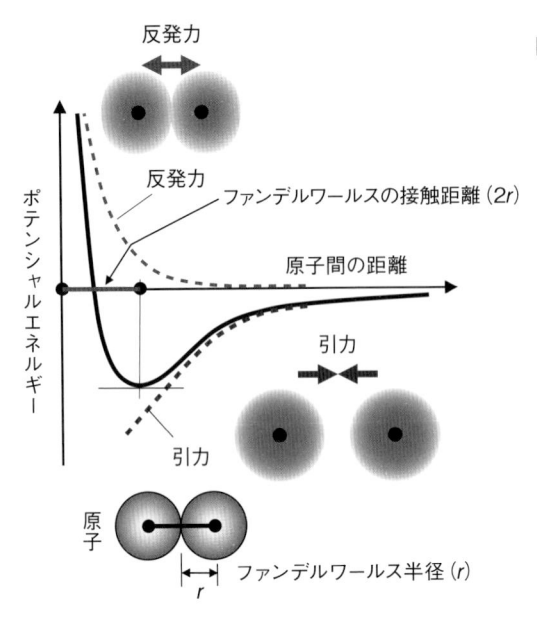

図 3・9　ファンデルワールス半径
原子間にはファンデルワールス力が働くので、原子どうしが近づくと互いの引力で引き合う。原子が近づくにつれ、しだいに引力が大きくなるが、それと同時に原子間の反発力も増大する。その結果、近接した原子どうしは、引力と反発力がつりあった一定の距離（ポテンシャルエネルギーが最小となる距離）で安定的に存在すると考えられている。その状態の原子間の距離はファンデルワールスの接触距離と呼ばれ、接触している原子のファンデルワールス半径の和になる。CPK の分子モデルを構成する原子は、便宜的に、ファンデルワールス半径からなる球体として表されている。

た CPK モデル（これを考案した 2 人の名前と、改良した 1 人の名前の頭文字からなる略称）、あるいは、空間充填モデル（Space-filling models）とも呼ばれている表現方法である。この CPK モデルで用いられるボールは原子を表現し、そのボールの半径にはファンデルワールス半径（Van der Waals atom radius）が用いられている（**図 3・9**）。また、このファンデルワールス半径は分子を構成する原子間に共有結合がある場合とない場合では、原子間の距離が変化するので（**図 3・10**）、後述する分子のファンデルワールス表面の構造も変化する。

　それらの表現方法の他にも、分子をよりリアルに表現するために、表面（Surface）と呼ばれる構造で覆われた分子モデルを作成する方法がある。そして、その表面構造の表し方には 3 種類の方法が用いられている。それらの方法を用いて、たとえば、アセトン分子を例に示したのが**図 3・11** である。表面構造には、ファンデルワールス半径の外表構造で表したファンデルワールス表面、溶媒がファンデルワールス表面と接する外表構造で現した分子表

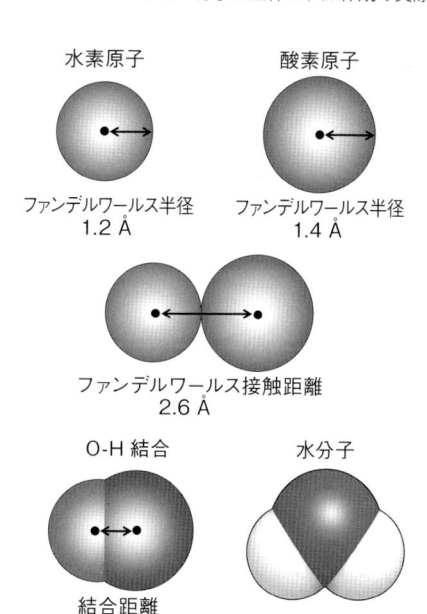

3·3 分子の立体モデル作成の実際

水素原子　　　　酸素原子

ファンデルワールス半径　　ファンデルワールス半径
　　1.2 Å　　　　　　　　1.4 Å

図 3·10 ファンデルワールス半径と共有結合
原子間に共有結合がある場合とそうでない場合では、原子間の距離が異なる。それは、共有結合している状態の原子では最外殻電子が共有結合に使われるので、両者の原子の反発力が減少するためである。その結果、共有結合している状態の原子では、共有結合していない状態の原子の場合よりも原子間の距離が短くなる。その例を水分子で示す。

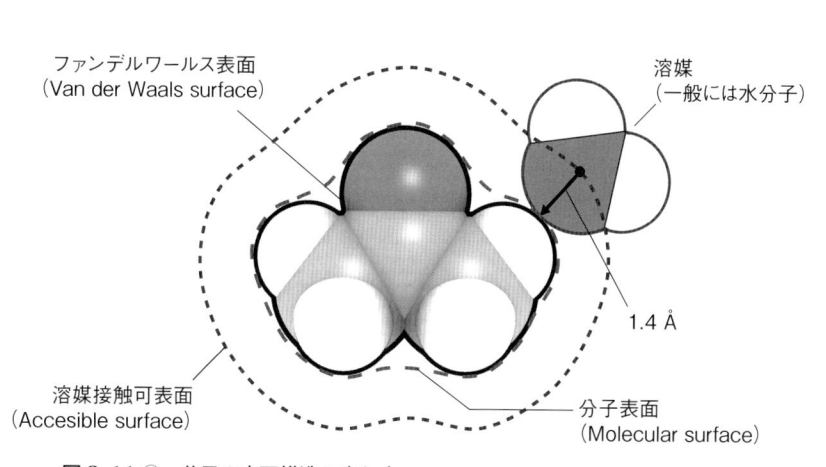

ファンデルワールス接触距離
2.6 Å

O-H 結合　　　　水分子

結合距離
1.0 Å

ファンデルワールス表面　　　　　溶媒
(Van der Waals surface)　　　(一般には水分子)

1.4 Å

溶媒接触可表面　　　　　分子表面
(Accesible surface)　　　(Molecular surface)

図 3·11 ① 分子の表面構造の表し方
　CPK モデルの表面はファンデルワールス表面と呼ばれている。そして、溶媒がファンデルワールス表面と接する表面構造は分子表面と呼ばれている。さらに、ファンデルワールス表面を溶媒のファンデルワールス半径（一般には水分子なので、その半径は約 1.4 Å）で覆った表面構造は溶媒接触可表面と呼ばれている。図のモデルはアセトン分子を示す。

107

▶第3章 分子の立体モデルの作成法

ファンデルワールス表面
(CPK モデル)

分子表面モデル

溶媒接触可表面モデル

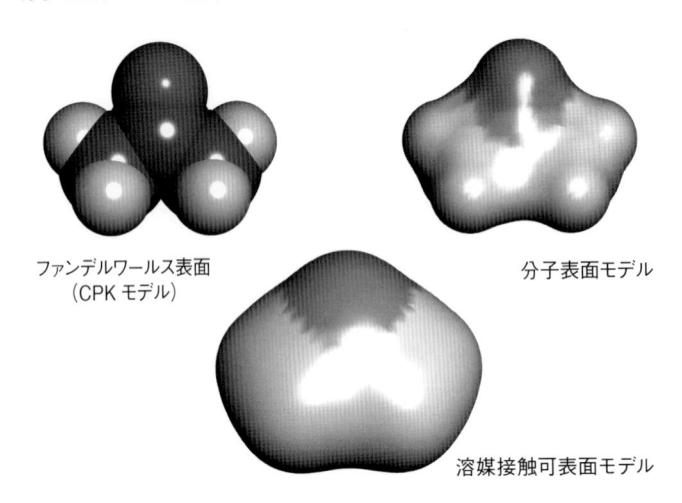

図 3・11 ②　分子を表面構造で表した例
アセトン分子を表面構造で表現したモデルを示す。
表面の色は静電ポテンシャルの分布を表している。

面 (Molecular surface)、そして、分子表面を溶媒分子のファンデルワールス半径で覆った溶媒接触可表面 (Accessible surface) である。この溶媒接触可表面は、一般の生体分子では溶媒が水分子になるので、分子のファンデルワールス表面を水分子のファンデルワールス半径 (約 1.4 Å) で覆った表面構造として表される。当然ながら、溶媒接触可表面は溶媒の違いにより、その大きさが変化する。

▶ **色の表現法**

分子モデルを構成する原子の色は、Corey と Pauling 他 (1952 年)、そして、Koltun (1965 年) により決められたものが一般に用いられている。たとえば、炭素は黒色、酸素は赤色、窒素は青色、硫黄は黄色、水素は白色、リンはオレンジ色 (あるいは紫色) で表されている。しかしながら、それらは厳密に決められておらず、分子モデル作成ソフトによる配色の違いもある。このように、分子モデルの表面を色分けして示すことにより、分子構造の各部の性質や特徴 (たとえば、静電ポテンシャル、疎水性、pK_a など) の違いをわか

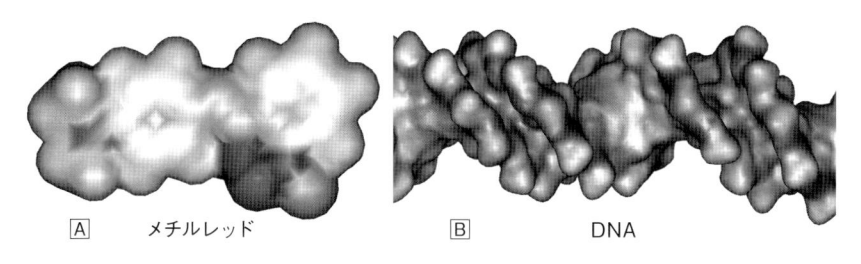

3・3 分子の立体モデル作成の実際

|A| メチルレッド　　　|B| DNA

図3・12　分子モデルの性質の色による表現
表面構造で表したメチルレッドとDNA鎖のモデルを例に示す。それらの分子構造における静電ポテンシャルの違いを色で示してある。モデルはWebLab ViewerLiteで作成された。

りやすく表現することもできる（図3・12）。もちろん、分子構造の一部を強調したり、いくつかの部分の位置関係をわかりやすく示したりするために、作者自身が自由に配色を決めることもできる。

▶ **タンパク質と核酸の特別な表現法**

タンパク質や核酸の分子モデルの場合にも、低分子の分子モデルと同じように、基本的にはLine、Stick、Ball-and-Stick、CPK、Surfaceなどで表現される。それらの他に、タンパク質や核酸の場合には、それぞれ独自の表現方法がある。タンパク質の場合によく用いられるのが、RibbonやSchematicと呼ばれる表現方法である。Ribbonによる表現では、αヘリックスを赤色のラセン構造に、βシートを青色の板状構造に、そして、それら以外の部分を棒状に表す。また、Schematicによる表現では、αヘリックスの部分を赤い円柱状、そして、βシートを青い板状の矢印に表す（図3・13）。そして、核酸の場合には、Arrows、Ladder、Ringsと呼ばれる表現方法がある。これらは、核酸の骨格構造となる5単糖の連なりを3′と5′の方向を示す矢印状のリボンだけで表す方法（Arrows）、リボンと共に塩基を棒状に表す方法（Ladder）、そして、リボンと共に塩基を五角形や六角形の板状の構造として表す方法（Rings）などである（図3・14）。

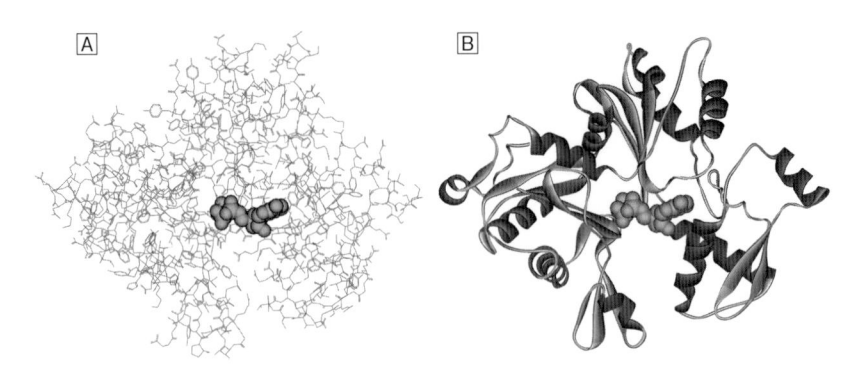

▶第3章　分子の立体モデルの作成法

（中央の構造は ATP）

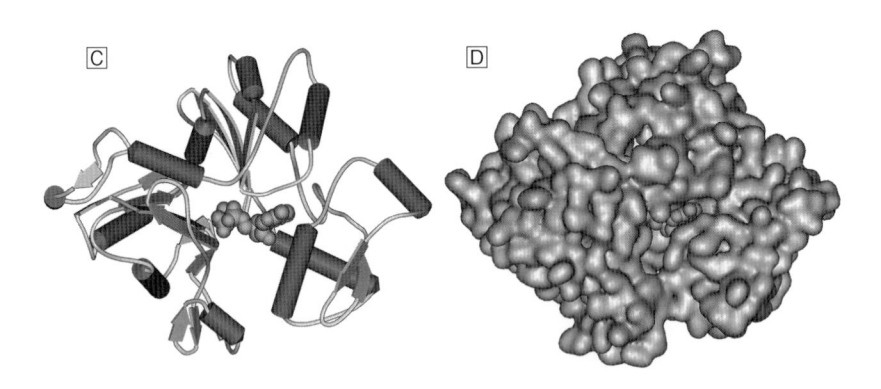

図3・13　タンパク質の分子モデルの表現方法
　A は Line モデル、B は Ribbon モデル、C は Schematic モデル、そして、D は Surface モデルを示す。Ribbon や Schematic モデルでは α ヘリックス（赤いラセン構造や筒状の構造）と β シート（青い板状や矢印状の構造）の部分がわかりやすく示されている。タンパク質は G アクチン分子を示す。CPK モデルで示された中央の分子は ATP である。モデルは WebLab ViewerLite で作成された。

3・3 分子の立体モデル作成の実際

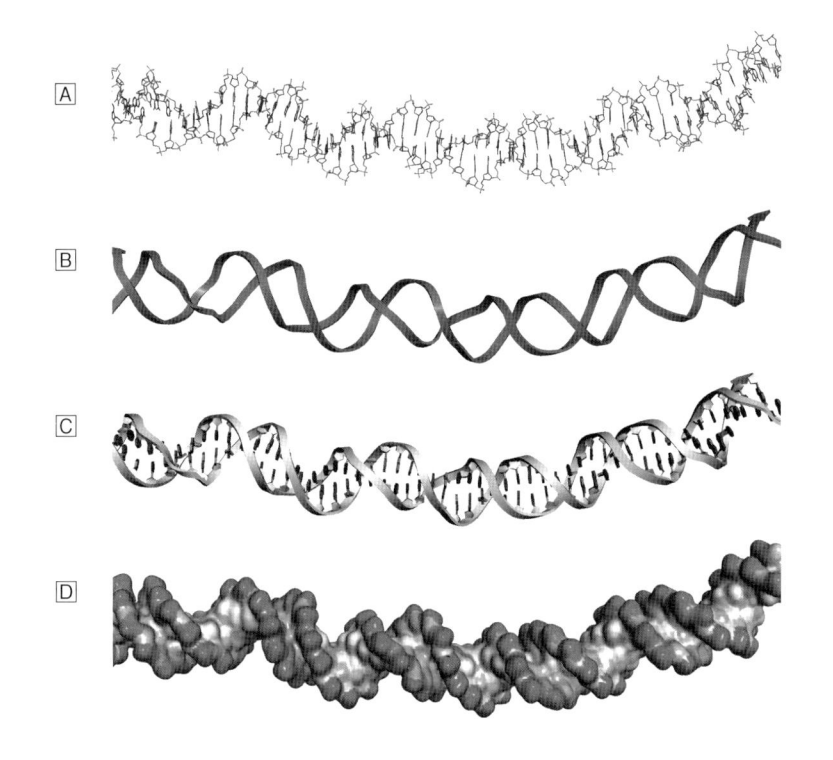

図 3・14　核酸の分子モデルの表現方法
A は DNA 鎖の Line モデル、B は Arrow モデル、C は Rings モデル、そして、D は表面構造のモデルを示す。モデルは WebLab ViewerLite で作成された。

▶ **その他の表現法**

さらに、特別な表現方法として、分子間の水素結合を表示して、分子どうしの結合を表現したり、タンパク質のアミノ酸にラベルを付けて表示したりすることなどもできる。また、複雑な分子の内部構造をわかりやすく表現するために、表面構造で示した分子モデルを任意の断面で表示することもできる（**図 3・15**）。その他に、分子モデルをリアルな構造物として示すために、さまざまな CG 技術を用いた表現方法も用いられている。たとえば、分子モデルに影付けして立体感を強調したり、光の反射を変えて分子の質感を変え

111

▶第3章　分子の立体モデルの作成法

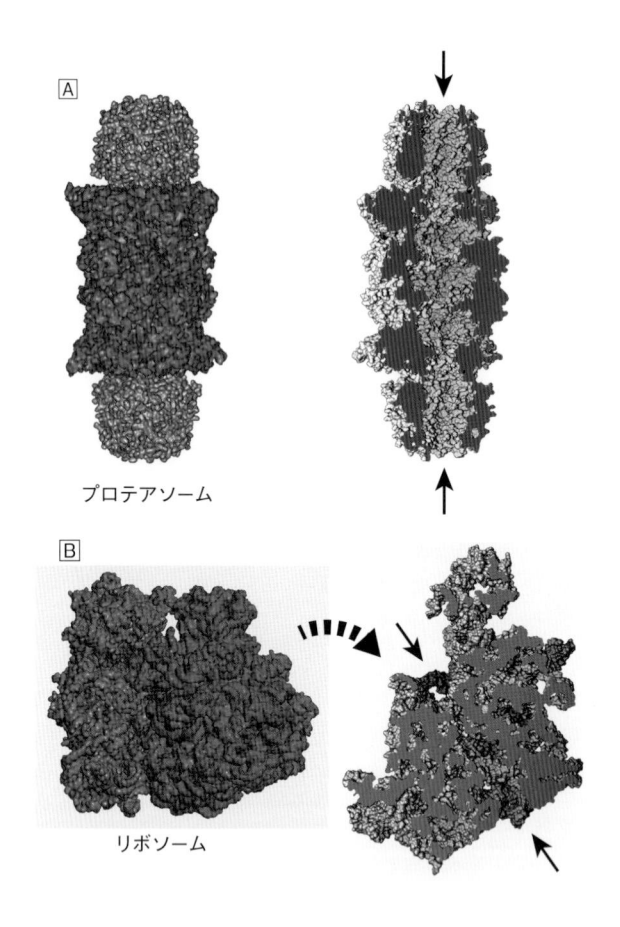

図3・15　分子モデルの断面の表示
　Aはプロテアソームの表面構造とその断面を示す。その内部の空洞部分（矢印）では、ATPのエネルギーを用いてタンパク質が加水分解される。Bはリボソームの全体（大小のサブユニット）を表面構造で表現したモデルと、その大サブユニットの断面を示す。断面の中央に見えるトンネル（実線の矢印）は合成されたペプチド鎖が通過する通路になっている。モデルはChimeraで作成された。

3・3 分子の立体モデル作成の実際

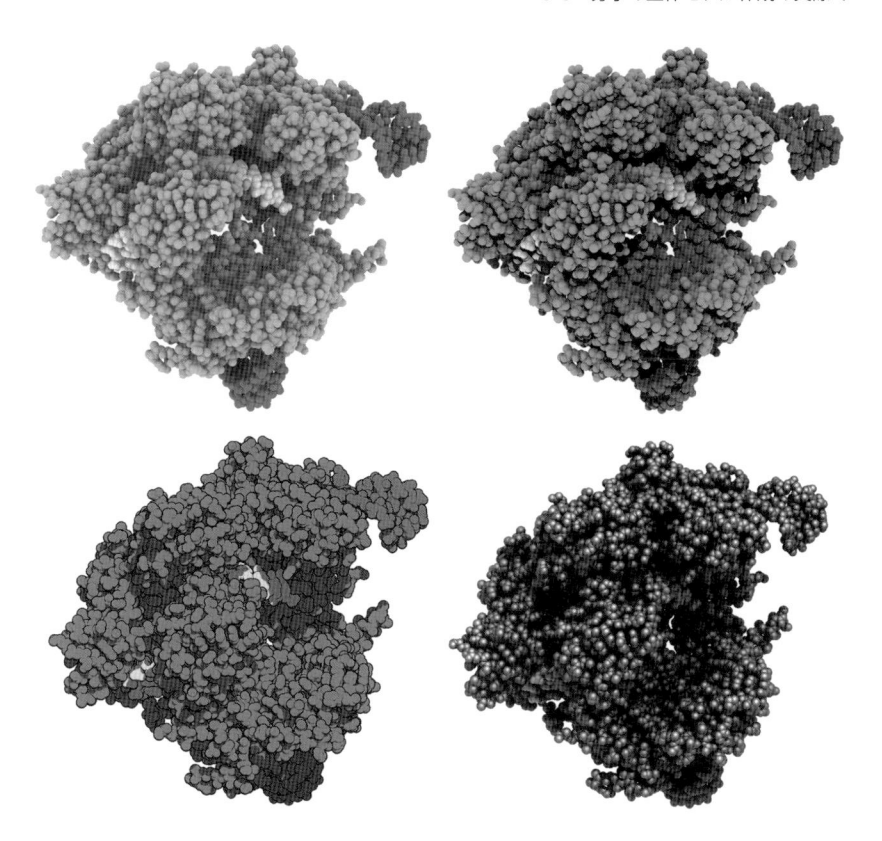

図 3・16 分子モデルのさまざまな表現法
CG の技術を用いて分子モデルの影付けや立体感などを多様に変えることにより、分子モデルをさまざまに表現することができる。ここでは、QuteMol により作成された Cas9 タンパク質（DNA 切断酵素）の例を示す。Cas9 はゲノム編集に関わる分子としてよく知られている。ここでは、Cas9 がガイド鎖 RNA、標的 DNA と複合体を形成している分子モデルを示す。

たり、イラスト調の表現で示したり、さまざまな表現で分子モデルを示すことができる（図 3・16）。

113

▶第 3 章　分子の立体モデルの作成法

3・3・2　分子の立体モデルの複雑な表現方法

　RasMol などのように簡単なソフトで分子モデルを作成するのに慣れてきたら、次に、さまざまな機能を組み合わせることにより、複雑な表現の分子モデルを作成することをお勧めする。それができるのは、前述した高機能なフリーソフトの DS Visualizer や Chimera である。これらのソフトは、分子モデルにさまざまな加工処理を施す機能を備えているので、その扱いに慣れると、論文や教科書などにも使えるような多様な表現方法の分子モデルを作成することができる。

　DS Visualizer と Chimera のどちらのソフトでも機能的にはほとんど同じなので、どちらでもその使用法を十分に習得することができれば、両方とも同じように操作することができる。ここでは、DS Visualizer の前身の WebLab ViewerLite を例に、分子モデルの作成について紹介する。WebLab ViewerLite は古いソフトではあるが、Windows 2000 から Windows 8 までの幅広い OS で安定的に動き、その基本機能には DS Visualizer とほとんど同じものが備わっている。しかも、その操作は DS Visualizer よりも簡単なので、最初に練習するのにはちょうど良いソフトである。

　WebLab ViewerLite を起動し、作成したい分子の PDB ファイルを開けば、最初に Line モデルが表示される。タンパク質や核酸の表現法には、前述したように、さまざまな方法があるので、それらの表現法をさまざまに組み合わせれば、複雑な表現の分子モデルの作成が可能である。ここでは、Cas9 と呼ばれる複合体の分子モデルを例にして、その表現方法のいくつかを紹介する。Cas9 は遺伝子編集に活躍するタンパク質としてよく知られており、DNA、RNA、タンパク質が合わさった複合体の PDB ファイルが公開されている。その複合体の分子モデルを表現するには、Cas9 を構成する各分子の表現法、表面構造の表示、各分子の色の設定などをさまざまに変えることにより、多様な表現の分子モデルを作ることができる（図 3・17）。その表現法は無限にあるので、目的や好みに応じた表現のモデルを作成することが可能である。

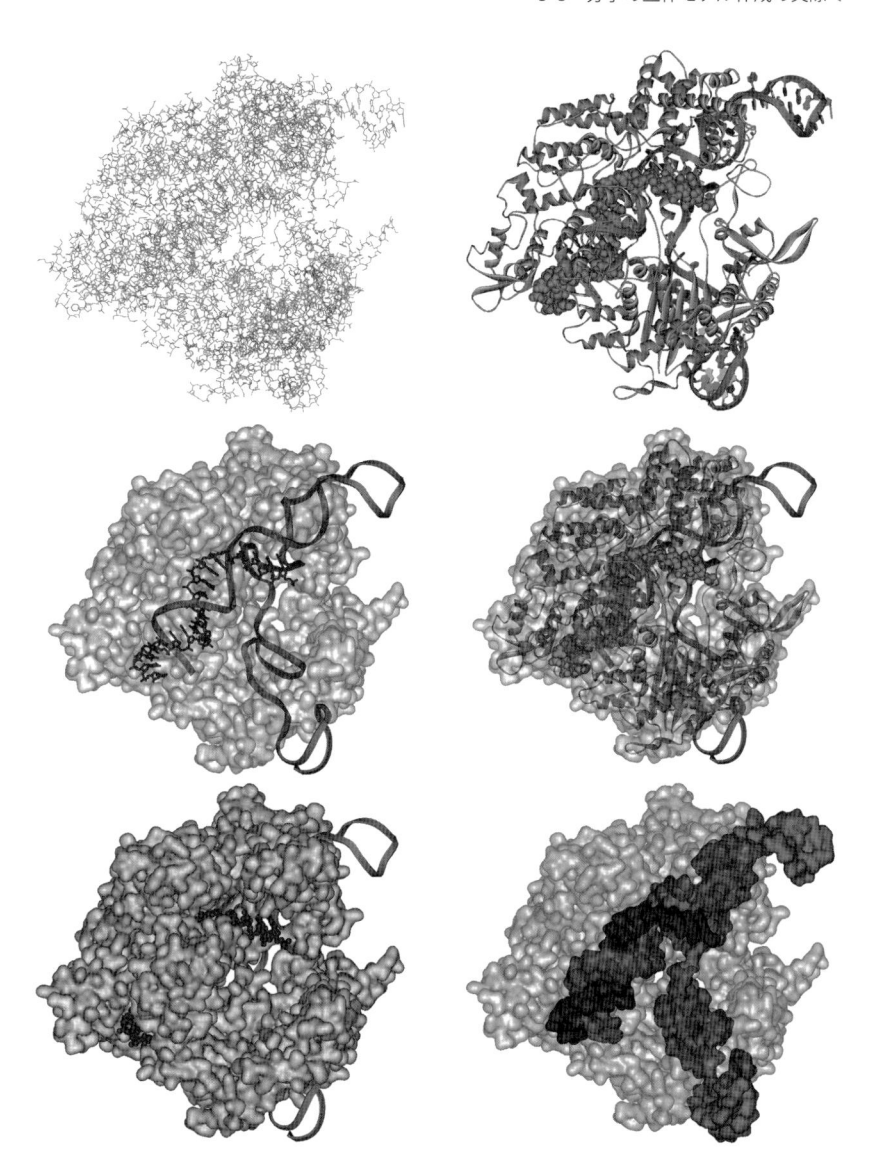

3・3　分子の立体モデル作成の実際

図 3・17　分子モデルの多様な表現法
　Cas9 を WebLab ViewerLite を用いてさまざまな表現で表した分子モデルの例を示す。

115

▶第3章　分子の立体モデルの作成法

3・3・3　簡単な操作で高度な表現の分子モデルを作成するソフト

　分子構造に複雑な加工処理を加えることもなく、簡単な操作だけで手っ取り早く高品質な表現の分子モデルを作成することができるフリーソフトもある。それは QuteMol と呼ばれるソフトで、イタリアの CNR（National Reaserch Council）から公開されている（図3・18）。QuteMol の優れている

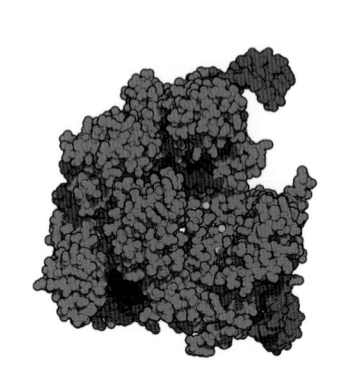

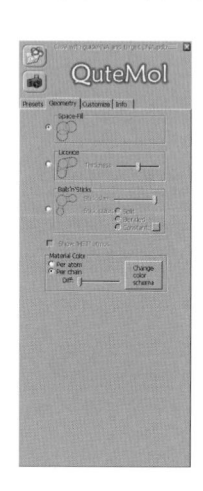

図3・18　QuteMol のスクリーンショット

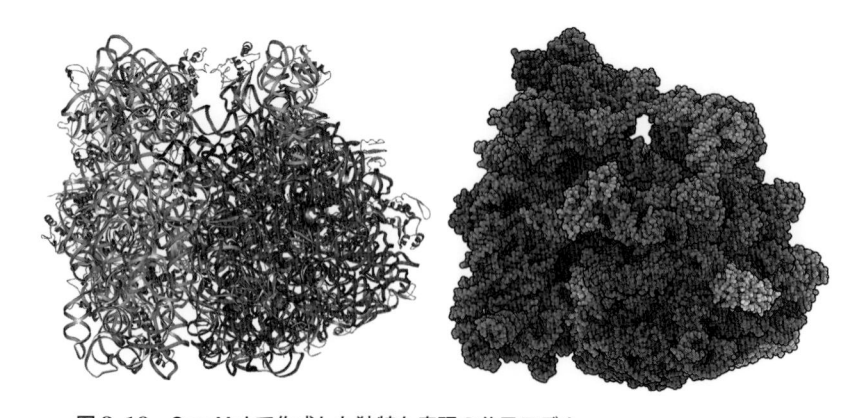

図3・19　QuteMol で作成した独特な表現の分子モデル
　　左は DS Visualizer で作成したリボソームの分子モデルで、右は同じものを QuteMol で作成した分子モデルを示す。QuteMol は、大きなサイズの分子モデルでも、独特な表現ですばやく作成することができる。

ところは、リボソームなどのように巨大で複雑な分子モデルでもすばやい速度で作成できることである（図3·19）。しかも、その表現方法はいくつかの決められたタイプに限られてはいるが、非常に高品質で独特な表現の分子モデルを作成し、それをPNGやJPEGなどの画像ファイル、さらには、分子モデルが回転するGifアニメーションなどで保存することができるという点ではたいへん便利なソフトである。また、このQuteMolは、教科書に載っているような高品質の分子モデルを、初心者でも簡単に作れることから、教材作成などにはたいへん便利で実用的なソフトである。それゆえ、DS VisualizerやChimeraなどのように自由な表現の分子モデルを作成するソフトとともに、このQuteMolも試してみることをお勧めする。

3·4　分子構造を作画して分子の立体モデルを作成する方法

　タンパク質のPDBファイルについては、前述したデータバンクから目的のものを検索してダウンロードすればそれで済む。しかし、それ以外にも、糖や脂質などの低分子のPDBファイルが必要になる場合もあるであろう。そのような場合には、低分子を公開している個人的なWebサイト（図3·20）がいくつもあるので、そこから必要な分子のPDBファイルをダウン

ZINC (UCSF) ➡ http://zinc.docking.org/
ChemConnections ➡ http://chemconnections.org/
Chemexper ➡ http://www.chemexper.com/
NDB ➡ http://ndbserver.rutgers.edu/
The GNU-Darwin Distribution ➡ http://molecules.gnu-darwin.org/mod/
PDBsum ➡ http://www.ebi.ac.uk/pdbsum/
Wellesley College ➡
http://academics.wellesley.edu/Chemistry/Flick/molecules/newlist.html#top

---

図3·20　低分子モデルを公開しているWebサイト
2014年7月現在で確認されているものを示す。

▶第 3 章　分子の立体モデルの作成法

ロードして利用するという方法が簡単である。また、必要とする低分子が見つからない場合や、分子構造を少し改変した低分子のモデルを作りたい場合には、必要とする分子構造を自身で作画し、それを PDB ファイルに変換して分子モデルを作成するという方法がある。

　そのような場合に役立つソフトとして、分子構造を自由に作画して、それを PDB ファイルや MDL MOL ファイルで保存できるフリーソフトがいくつかある。それらの中でも実用的なソフトとして、GNU General Public License として公開されている Avogadro や、アクセルリス社から公開されている Accelrys Draw などがある。両者とも分子モデルを作画する基本的なしくみは同じであるが、それぞれ独特な特徴がある。

　Avogadro は原子の立体モデルをマウスで操作しながら目的とする分子モデルを作り上げることができる。その際には、順次、でき上がった分子の立体構造を見ながらインタラクティブに操作できるので非常にわかりやすい。しかも、原子の位置を最適化する機能があるので、原子の位置を適当に配置して分子構造を作画した後、その機能で処理すると原子が正しく配置されたモデルが表示される。そして、でき上がった分子モデルを PDB や MDL MOL などのファイル形式で保存すれば完成である。

　Accelrys Draw は、以前に評判の高かったフリーの分子作画ソフトである ISIS/Draw の改良版である。ISIS/Draw は、その後、Symyx Draw となり、さらに改良されて新バージョンとして公開されているものが Accelrys Draw である。Accelrys Draw は作画した分子を MDL MOL ファイルとして保存することができるが、PDB ファイルとしては保存できない。それゆえ、このソフトで作画した分子を PDB ファイルに変換するためには、MDL MOL ファイルを読み込める DS Visualizer や Chimera などにいったん読み込んでから PDB ファイルとして保存するという方法がある。

　ここでは Avogadro と Accelrys Draw の具体的な操作法を簡単に紹介する。各ソフトの操作法の詳細についてはそれぞれのソフトのマニュアルを参照していただきたい。最初に、Avogadro の操作法の概略について紹介する。たとえば、Avogadro を用いてマレイン酸の構造式を作画する場合には、*Draw*

3・4 分子構造を作画して分子の立体モデルを作成する方法

Setting メニューの *Element* を炭素原子に指定して、画面上に 4 つの炭素原子を適当に配置し、それらを共有結合で連結する。この連結操作では、共有結合する 2 つの炭素原子の片方をマウスで指定して、そのまま相手側の炭素原子の上にドラッグアンドドロップする。次に *Element* を酸素原子に指定して、炭素原子の周囲に酸素原子を 2 つずつ配置する。次に、炭素原子の共有結合の時と同じように、酸素原子をマウスで指定して結合相手の炭素原子の上にドラッグアンドドロップすればよい。4 つの炭素原子と 4 つの酸素原子の共有結合が完了すれば、マレイン酸の分子ができ上がる。次に、原子間の結合の距離を正しく調整するために、メニューバーの *Extension* から *Optimize Geometry* を選んで原子間の位置を最適化させる。この処理により、適当に配置した原子が正しい位置関係に再配置される。そして、でき上がった分子を PDB ファイルや MDL MOL ファイルで保存すれば完成である（図 3・21）。保存したファイルを分子モデル作成用のソフトで開けば、さまざま

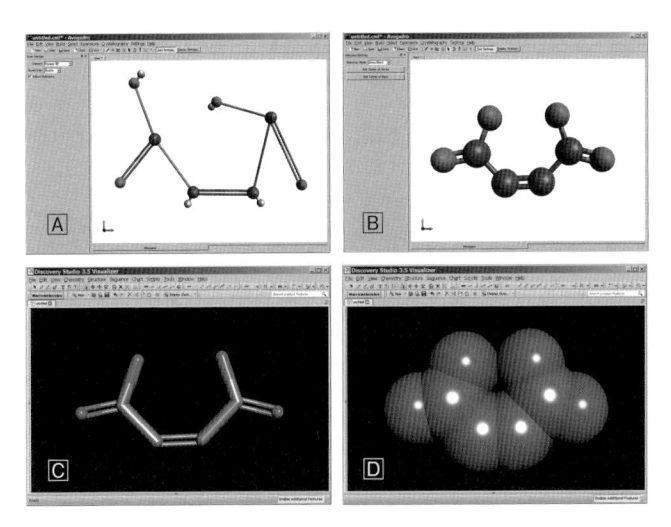

図 3・21　Avogadro を用いた分子の作画とその立体モデルの作成
たとえば、マレイン酸を作る場合、4 つの炭素原子と 4 つの酸素原子を適当に配置して、それらを共有結合で繋げればでき上がる（A）。次に、原子間の位置関係を最適化させると原子が正しい位置に再配置される（B）。そのモデルを PDB ファイルで保存して DS Visualizer に読み込めば立体モデルが完成する（C と D）。

119

▶第3章 分子の立体モデルの作成法

な表現のマレイン酸の立体モデルを作成することができる。

次に、Accelrys Draw の操作法の概略を紹介する。操作は簡単で、原子パレットで炭素原子を選んで、4つの炭素原子を画面上に適当に配置する。そして、その両側に酸素原子を2つずつ配置する。次に、それらを結合ツールで共有結合させればでき上がる（**図3・22**）。このソフトには PDB ファイルでの保存機能はないので、とりあえず、でき上がった分子を MDL MOL ファイル形式で保存し、MDL MOL ファイル対応の分子モデル作成ソフト（DS Visualizer や Chimera など）で開けばマレイン酸の立体モデルを作成することができる。さらに、それらのモデルを PDB ファイルで保存すれば、MDL MOL ファイルを PDB ファイルに変換することができる。

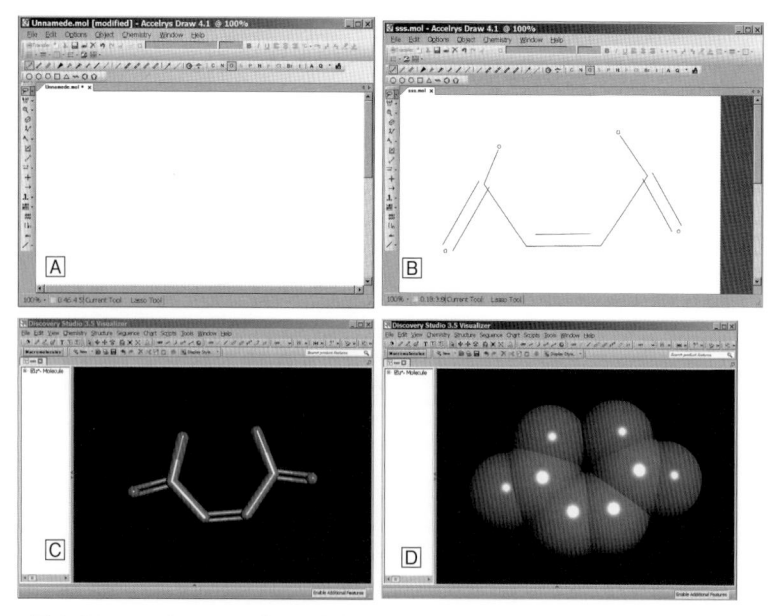

図3・22　Accelrys Draw を用いた分子の作画とその立体モデルの作成
　写真 A は Accelrys Draw のスクリーンショットを示す。その操作は Avogadro の場合とほとんど同じで、4つの炭素原子と4つの酸素原子を適当に配置して共有結合で繋げる（B）。それを MDL MOL ファイルで保存したものを DS Visualizer に読み込んで立体モデルを作成する（C と D）。そして、DS Visualizer から PDB で保存すれば、マレイン酸の PDB ファイルが得られる。

3・5　高次構造の分子の立体モデルの作成法

　ダウンロードした PDB ファイルを用いて分子モデルを作成することに慣れてくると、それだけでは物足りなくなり、いくつかの分子モデルを組み合わせて、さらに複雑な高次構造の分子モデルを作成したいと思うようになるであろう。そのようなことも、DS Visualizer や Chimera に備わっている、分子モデルを VRML ファイルで保存できる機能を利用すると可能になる。それは、VRML ファイルで保存された分子モデルは一般の CG ソフトにも読み込めるので、それらを CG ソフトを用いて加工したり組み合わせたりすることができるからである。

　たとえば、DS Visualizer や Chimera で作成した分子モデルを VRML ファイルで保存し、それらを一般の CG ソフトに読み込んで加工すれば、複数の分子モデルを組み合わせた高次構造の分子モデルを簡単に作成することができる (図 3・23)。さらに、MeshLab などのファイル変換ソフトを用いれば、VRML ファイルを CG ソフト専用の他のファイル形式（たとえば、obj、3ds、dxf ファイルなど）にも変換できるので、それらの利用価値はさらに広がるであろう。その結果、いくつもの分子を組み合わせたより複雑な高次構造の分子モデルの作成や、それらのモデルを用いたアニメーションの作成なども容易にできるようになる。

　最近では、高性能な CG ソフトが比較的に廉価で販売されているので、それらを利用することにより、数多くの分子モデルを組み合わせた大規模な高次構造の分子モデルを作成することが可能である。しかしながら、本格的な高次構造の分子モデルを作成するには少々の経験が必要なので、その前に、フリーソフトを用いた簡単な高次構造の分子モデルの作成を試してみるのが良いと思われる。また、高性能で高価なソフトを購入するための経済的な余裕がない場合や、技術的な難しさを心配する人などの場合にも、とりあえず、フリーの CG ソフトを試してみるという方法がある。

　フリーソフトの中には市販のソフトに負けないくらい高性能なものもあるので、それらのソフトを用いれば、高価な市販の CG ソフトを購入しなくと

▶第3章　分子の立体モデルの作成法

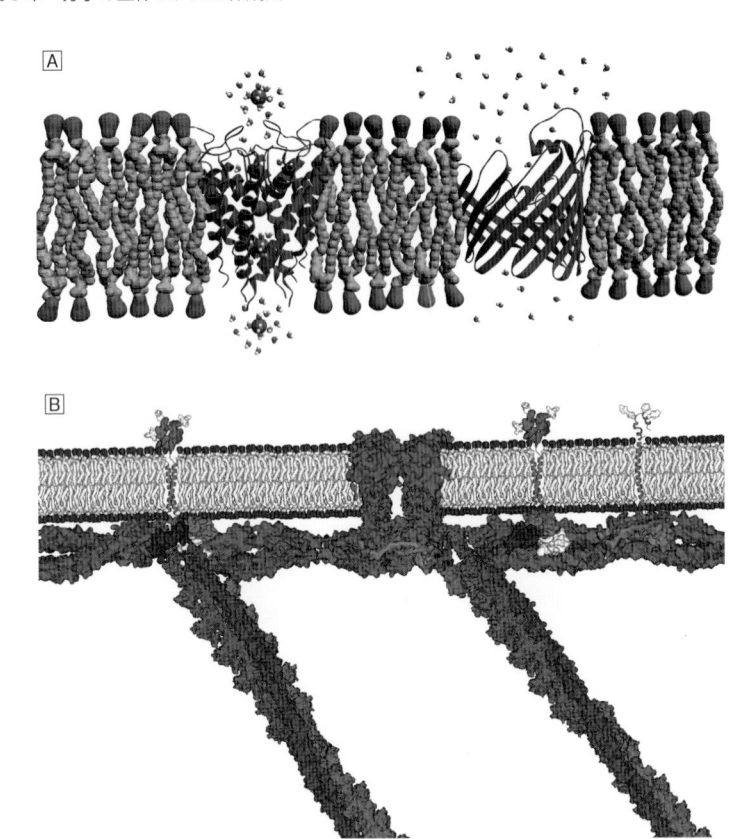

図 3・23　高次構造の分子モデルの作成
　数多くの分子モデルを組み合わせて作成した高次構造のモデルを示す。Aは細胞膜に組み込まれたK-チャネル（左）とポリン（右）を示す。Bは細胞膜の膜貫通タンパク質とそれらに結合した膜の裏打ち構造を示す。膜の裏打ち構造を形成するタンパク質は膜タンパク質と結合して高次構造を形成している。

も、実用的な高次構造の分子モデルの作成や、それらを用いたアニメーションの作成も可能である。もちろん、フリーのソフトだけでプロ並の大規模な分子モデルを作るにはいろいろと難しい点もある。たとえば、一般の32ビット版のCGソフトでは、サイズの大きいファイルを扱うと、その読み込みの段階でエラーが起きてファイルを読み込むことができない場合もある。また、

3・5 高次構造の分子の立体モデルの作成法

異なる CG ソフトの間でモデルのデータをやり取りする際には、ファイルの認識不能や、読み込んだモデルの構造の再現性にも問題が生じやすい。いずれにせよ、その機能に限界はあるものの、フリーソフトを用いた高次構造の分子モデルの作成に慣れてから、次に、本格的なソフトを用いたさらに大規模な高次構造の分子モデルの作成に挑戦することをお勧めする。

以上のような点を踏まえ、ここでは、高次構造の分子モデルを簡単に作成することができるフリーソフトと、それを用いた簡単な分子モデルの作成法を紹介する。フリーソフトを利用する場合、市販の高機能ソフトのように 1 つのソフトだけですべての作業をこなすことは難しい。そこで、いくつかのフリーソフトを組み合わせて利用することになる。ここで利用するのは、ファイル変換ソフトの MeshLab と、2 種類の CG ソフト（Metasequoia と DoGA）である。その手順の概略を図 3・24 に示した。まず、DS Visualizer や Chimera などで作成された分子モデルを obj ファイルで保存する。Chimera で作成された分子モデルは直接 obj ファイルとして保存できるのでそのまま利用することが可能である。一方、DS Visualizer ではそれができないので、この場合は、VRML ファイルで保存したものを MeshLab に取り込

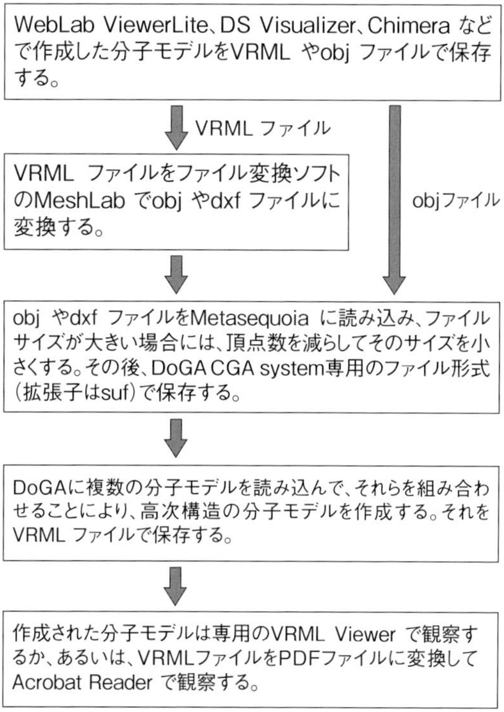

```
┌─────────────────────────────────────┐
│ WebLab ViewerLite、DS Visualizer、Chimera など │
│ で作成した分子モデルをVRML やobj ファイルで保存 │
│ する。                              │
└─────────────────────────────────────┘
         ↓ VRMLファイル          ↓
┌───────────────────────────┐        │
│ VRML ファイルをファイル変換ソフト │   objファイル
│ のMeshLab でobj やdxf ファイルに │        │
│ 変換する。                │        │
└───────────────────────────┘        │
                      ↓              ↓
┌─────────────────────────────────────┐
│ obj やdxf ファイルをMetasequoia に読み込み、ファイル │
│ サイズが大きい場合には、頂点数を減らしてそのサイズを小 │
│ さくする。その後、DoGA CGA system専用のファイル形式 │
│ （拡張子はsuf）で保存する。          │
└─────────────────────────────────────┘
                      ↓
┌─────────────────────────────────────┐
│ DoGAに複数の分子モデルを読み込んで、それらを組み合わ │
│ せることにより、高次構造の分子モデルを作成する。それを │
│ VRML ファイルで保存する。            │
└─────────────────────────────────────┘
                      ↓
┌─────────────────────────────────────┐
│ 作成された分子モデルは専用のVRML Viewer で観察す │
│ るか、あるいは、VRMLファイルをPDFファイルに変換して │
│ Acrobat Reader で観察する。          │
└─────────────────────────────────────┘
```

図 3・24　高次構造の分子モデルの作成手順

▶第3章　分子の立体モデルの作成法

図 3・25　MeshLab による VRML ファイルから obj ファイルへの変換
分子モデルの VRML ファイルを CG ソフトの Metasequoia で扱えるようにするために、ファイル変換ソフトの MeshLab を用いて obj ファイルに変換する。写真は MeshLab のスクーンショットを示す。

んで、それを obj ファイルに変換する（図 3・25）。この際に、32 ビット版の MeshLab はあまり大きなサイズのファイルが扱えないので注意が必要である。

　次に、変換された obj ファイルを Metasequoia に読み込んで DoGA 用の suf ファイルで保存する（図 3・26）。また、Metasequoia に分子モデルを読み込んだ際には、ついでに行うもう 1 つの重要な作業がある。それは、obj ファイルのサイズが非常に大きい場合（表面を構成する三角形の数が非常に多い場合）、その分子モデルの形が崩れない程度に三角形の数を減らす（頂点数を減らす）作業である（図 3・27）。DS Visualizer や Chimera などで作成され、サーフェスモデルとして保存された分子モデルの表面が必要以上に滑らかにされているために、その表面を構成する三角形の数が非常に多くなっている。当然ながら、分子モデルを構成する三角形の数が多くなればなるほど、そのモデルのファイルサイズは大きくなる。その場合に困るのは、ファイルサイズがあまり大きくなりすぎると、32 ビット版のソフトでは扱えなくなることである。たとえ扱えても、大きなサイズのファイルを扱う際のコンピューターの処理速度は非常に遅くなる。そのために、できるだけ三角形の数を減らしてファイルサイズを減らすことが重要である。その際に行う処理が、三

3・5 高次構造の分子の立体モデルの作成法

図3・26 Metasequoia による obj ファイルから DoGA 専用の suf ファイルへの変換
Metasequoia に読み込んだ obj ファイルを DoGA に取り込めるように suf ファイルに変換する。その前に、分子モデルの頂点数を減らして、ファイルサイズを小さくする処理を行う。図は obj ファイルの分子モデルを読み込んだ Metasequoia のスクリーンショットを示す。

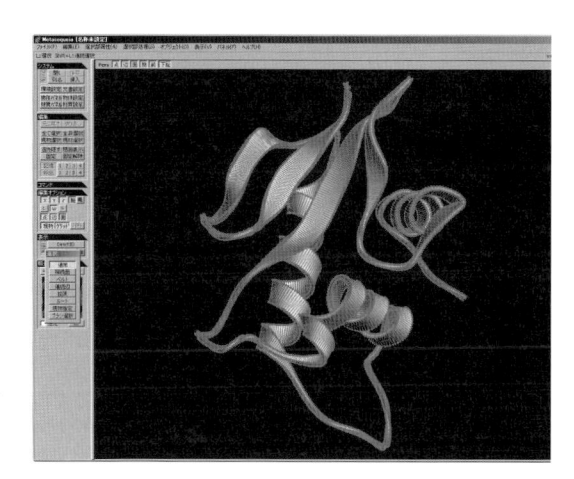

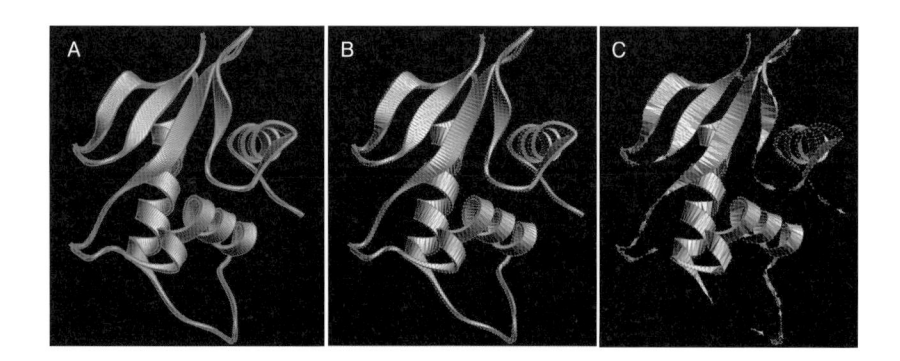

図3・27 Metasequoia による分子モデルの頂点数の削減
大規模な分子モデルの複合体を作るためには、個々の分子のファイルサイズをできるだけ小さくする必要がある。ここでは、分子モデルの頂点数を減らす際の要領を示す。A は処理前のモデル（頂点数が 6478 で、メモリーサイズが 448 kB）を示す。B は A のモデルの頂点数を半分（頂点数が 3239 で、メモリーサイズが 221 kB）に減らしたものを示す。この段階では、分子モデルの立体構造に大きな変化は見られない。C はもとのモデルの 1/4 まで頂点数を減らしたもの（頂点数が 1619 で、メモリーサイズが 105 kB）を示す。ここまで頂点数を減らすと構造の一部が分断されて壊れてしまう。どこまで頂点数が減らせるかは、分子モデルの形状にも依存する。それゆえ、実際の作業では、分子構造が変形しない程度のぎりぎりまで頂点数を減らすことが望ましい。そうすれば、より数多くの分子モデルを組み合わせた高次構造を作ることが可能になる。

125

▶第 3 章　分子の立体モデルの作成法

角形が合わさってできている表面構造の頂点数を減らすことである。その処理により、分子モデルの表面を構成する三角形の数を減らすことができる。しかし、分子モデルの頂点数をあまり減らし過ぎると、しだいにそのモデルの形が壊れてくる。どの程度まで頂点数を減らすことができるかは、そのモデルの構造にも依るので、頂点数を減らす作業は試行錯誤で行い、形が壊れてくる少し前で止めておくことである。頂点数を減らすと、ファイルサイズが小さくなるので、コンピューターへの負担が軽減されると共に、引き続いて行う分子モデルの組み合わせ作業もたいへん楽になる。

　頂点数を減らした分子モデルは、次に利用する CG ソフトの DoGA 専用ファイルである suf ファイルで保存する。その際に、保存した suf ファイルを DoGA に付属しているパーツ変換ソフトの ObjConv を用いて、DoGA で扱える専用のパーツファイルの SUF ファイルに変換しておくと便利である (図 3·28)。それは、パーツファイルに変換した分子モデルを DoGA に次々と読み込んで組み合わせれば高次構造の分子モデルを簡単に作成することができるからである (図 3·29)。また、いろいろな分子モデルを DoGA 用のパーツとして登録したデータベースを構築しておくとさらに便利である。それは、必要に応じてデータベースから部品を読み込んで、それらを組み合わせることにより、高次構造の分子モデルを手際よく作ることができるからである。そして、でき上がったモデルを VRML ファイルで保存すれば、それを一般の 3D ビュアーでも簡単に見ることができる。また、DoGA には、作成したモデルのアニメーションを簡単に作れる機能もあるので、それを利用すれば

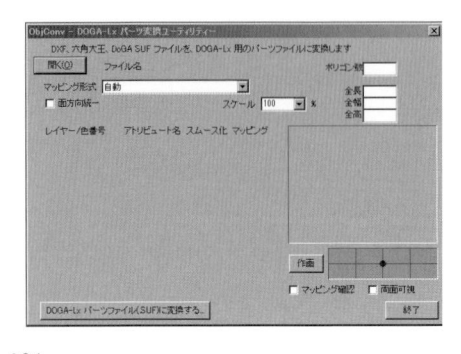

図 3·28　ObjConv のスクリーンショット
あらかじめ、さまざまな分子モデルを DoGA のパーツとして登録しておくと、それらの部品を読み込んで組み合わせるだけで、高次構造の分子モデルを簡単に作成することができる。

3·5 高次構造の分子の立体モデルの作成法

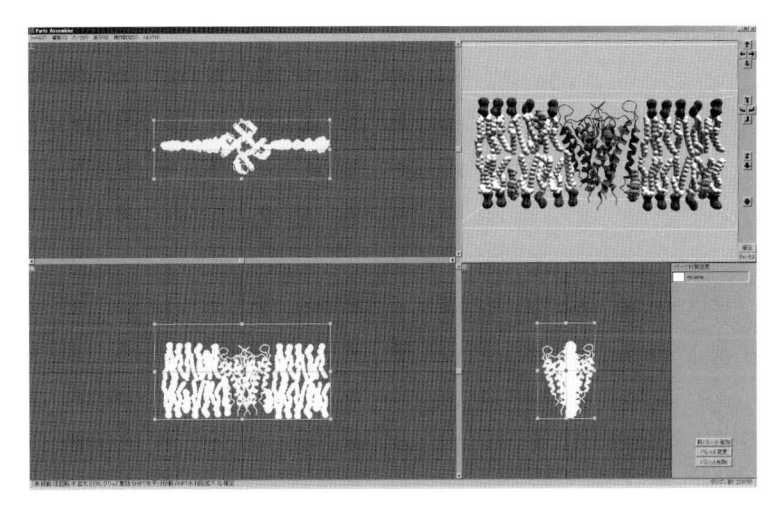

図 3·29　DoGA のスクリーンショット
登録しておいた分子モデルを DoGA のパーツとして次々に読み込んで、それらを立体的に配置するだけで、高次構造の分子モデルを簡単に組み立てることができる。でき上がった分子モデルを VRML で保存すれば、それを 3D ビュアーや Acrobat Reader を用いてインタラクティブに観察することができる。

　分子モデルを用いた簡単なアニメーションムービーを作ることもできる。ここでは、Metasequoia と DoGA の操作法の詳細な説明は省くので、それぞれのソフトのマニュアルを参照していただきたい。
　ここで紹介した Metasequoia と DoGA は、数あるフリーの CG ソフトの中でも動作が安定していて操作も比較的に簡単なソフトとして定評がある。これらの他にも、似たような CG ソフトが国内外に数多く公開されているのでそれらを試してみるのも良いであろう。やがて、それらのフリーソフトの扱いにも慣れて作品作りが上手になったら、さらに本格的な高次構造の分子モデルの作成や、それらの分子モデルを用いたアニメーションに挑戦することをお勧めする。その場合、少々経済的な余裕があれば、プロ用で高機能な CG ソフト（たとえば、Maya や 3ds Max など）をアカデミック価格で購入して試してみるという方法もある。これらのプロ用のソフトも比較的に操作が簡単なので、Metasequoia や DoGA などのフリーソフトを無理なく扱える

▶第3章　分子の立体モデルの作成法

ようになれば、それらを使用することも十分に可能である。

3・6　作成した分子の立体モデルの観察法

　作成した分子モデルを研究や教育用として利用するためには、第2章で紹介したようにいろいろな観察法を用いると便利である。たとえば、交差法やアナグリフ用の画像を作成すれば、それらを印刷したプリントを配布するだけでも分子モデルを簡単に立体観察することができる。また、回転する分

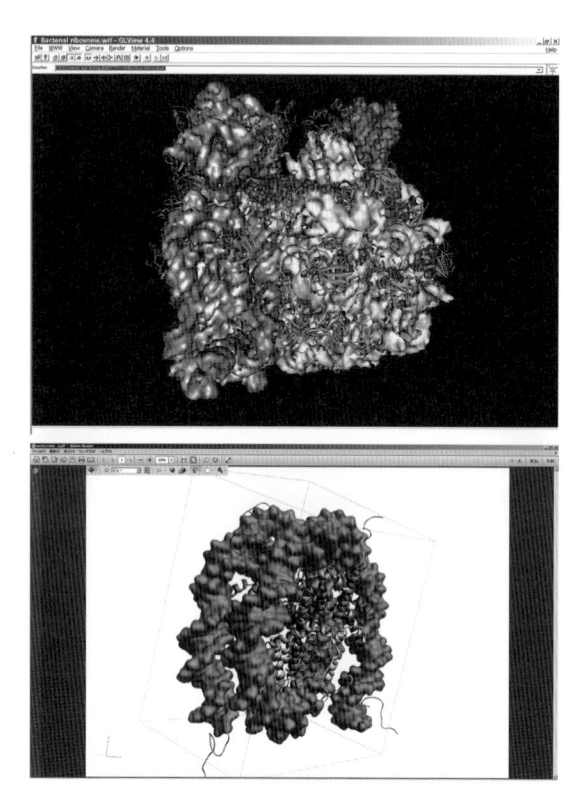

図3・30　分子モデルの観察
　作成された分子モデルは一般のVRMLファイルビューアー（上図）で観察したり、PDFファイルに変換してAcrobat Reader（下図）で観察したりすることができる。上図はリボソームで、下図はヌクレオソームを示す。

子モデルのムービーを作成して観察することもできる。さらに、VRMLやPDFファイルに変換された分子モデルをフリーの3Dビューアー（VRMLビューアー）やAcrobat Readerを用いてインタラクティブに観察することもできる。しかも、分子モデルをVRMLやPDFファイルに変換すれば、世界中の誰もがそれらをVRMLビューアーやAcrobat Readerで自由自在に観察することができる（図3・30）。このように、作成された分子モデルの観察法と、それらの活用法には発展性があるので、工夫次第で教育用の教材としてもたいへんに役に立つであろう。

　最後に、前述したソフトを用いた分子モデルのステレオ写真やムービーの作成法を簡単に紹介する。ステレオ写真はWebLab ViewerLite、DS Visualizer、Chimeraを用いて簡単に作成することができる。WebLab ViewerLiteとDS Visualizerでは、メニューバーの*View*をクリックすると表示される*Split Screen Stereo*（WebLab ViewerLiteの場合）と*Stereo*（DS Visualizerの場合）を選択すればステレオ写真が表示される（図3・31A）。また、Chimeraでは、メニューバーの*Tools*をクリックすると表示される*Viewing Controls*を選んで、次に*Camera*を選択すると*Viewing*のウインドウが表示されるので、*Camera*を選んでから*camera mode*で平行法、交差法、そして、アナグリフ用の画像などを選ぶと、メインウインドウの分子モデルがそれらのモードで表示される。

　また、ムービーについては、QuteMolとChimeraで作成することができる。QuteMolの場合は非常に簡単で、作成された分子モデルをGIF animationとして保存するだけで分子モデルが回転するムービーが作成される。一方、Chimeraにはもう少し高度なムービーの作成機能が備わっている。Chimeraでは、メニューバーの*Tools*を選択して、次に*Utilities*を選ぶと*Movie Recorder*のウインドウが表示される（図3・31B）。その画面で、*Output format*、*Frame Option*と*Movie Options*などを設定してから、*Record*をクリックすると撮影が開始される。撮影はメインウインドウに表示された分子モデルをマウスを使って任意に拡大、回転などを行うとその操作がムービーとして録画されるようになっている。撮影が終わったら、*Stop*をクリッ

▶第 3 章 分子の立体モデルの作成法

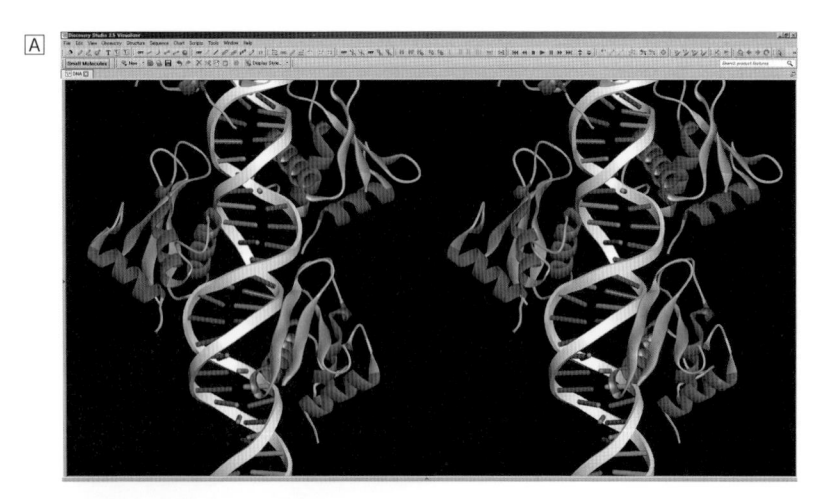

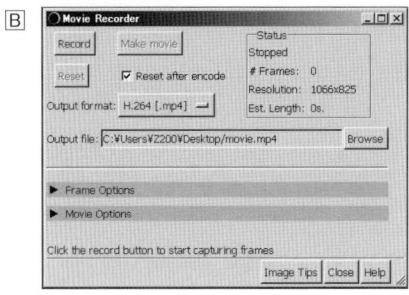

図 3・31 分子モデルのステレオ写真とムービーの作成
A は DS Visualizer でステレオ写真を作成した際のスクリーンショットを示す。B は Chimera でムービーを作成する際の設定画面である *Movie Recorder* ウインドウを示す。

クしてから *Make movie* をクリックすれば指定された場所にムービーファイルが保存される。

▶ 関連するホームページとソフト （2014 年 8 月現在）

タンパク質のデータベース

wwPDB； http://www.wwpdb.org/

RCSB PDB； http://www.rcsb.org/pdb/home/home.do

PDBe； http://www.ebi.ac.uk/pdbe/

PDBj； http://legacy.pdbj.org/

3・6 作成した分子の立体モデルの観察法

分子の立体モデル作成用のフリーソフト

UCSF Chimera ； http://www.cgl.ucsf.edu/chimera
* Molecular graphics and analyses were performed with the UCSF Chimera package. Chimera is developed by the Resource for Biocomputing, Visualization, and Informatics at the University of California, San Francisco (supported by NIGMS P41-GM103311).

Discovery Studio Visualizer ；
http://accelrys.com/products/discovery-studio/visualization-download.php
WebLab ViewerLite ； http://www.scalacs.org/TeacherResources/
QuteMol ； http://qutemol.sourceforge.net/
Marco Tarini, Paolo Cignoni, Claudio Montani: Ambient Occlusion and Edge Cueing for Enhancing Real Time Molecular Visualization IEEE Transactions on Visualization and Computer Graphics Volume 12 , Issue 5, Pages 1237-1244, 2006, ISSN:1077-2626.
Rasmol ； http://www.openrasmol.org/
Rastop ； http://www.geneinfinity.org/rastop/

分子の立体モデル作画用のフリーソフト

Accelrys Draw ；
http://accelrys.co.jp/products/informatics/cheminformatics/draw/
Avogadro ； http://avogadro.openmolecules.net/wiki/Get_Avogadro

プロ用の CG ソフト

Maya ； http://www.autodesk.co.jp/products/autodesk-maya/overview
3ds Max ； http://www.autodesk.co.jp/products/autodesk-3ds-max/overview
＊Maya と 3ds Max は製品版のみである。

索 引

数字
3D PDF Converter 94
3D ビュアー 65, 88, 92, 128

A
Accelrys Draw 118, 120
Acrobat Reader 93, 94, 95, 128
Adobe Photoshop 32, 33
APS-C サイズ 9, 10
Arrows 109
Avogadro 118, 119

B
Ball-and-Stick モデル 105
Bentley View V8i 94, 95

C
CCD 7
Chimera 103, 114, 129
CPK モデル 106
CTvox 74, 75, 76

D
DICOM 70, 74
DoGA 123, 126
DS Visualizer 102, 114, 129

G
Gif アニメーション 117
GIMP 32, 33

I
ICE 22, 23, 29, 30, 32, 33
ImageJ 16, 30, 59, 61, 68

J
JP2 WSI Converter 37
JPEG 2000 36, 37, 38
JVSview 39, 40

L
Ladder 109
Line モデル 105

M
MDL MOL 99, 118, 120
MeshLab 121, 124
Metasequoia 123, 124, 125
MRI 45, 53

O
ObjConv 126
OlyVIA 39
OsiriX 70, 80, 83

P
PDB 99, 100, 118, 120
PET-CT 84

Q
QuteMol 116

R
RAM メモリー 6, 13, 29, 60
RANSAC 18
Rastop 101
Realia 71, 78, 80
Reconstruct 63, 64
Ribbon 109
Rings 109

S
Schematic 109
SIFT 17
SSC DICOM 3D Viewer 72, 73, 74
StackReg 59, 60, 61
Stick モデル 105
SURF 17

T
Texture mapping 48
TurboReg 59

V
VoTracer 77
VRML 65, 121

W
WebLab ViewerLite 102, 114

X
X 線 CT 45, 53

あ
圧縮 35
アナグリフ 90, 91, 128
アフィン変換 19, 21

索　引

あ
アルゴリズム 18

い
一眼レフカメラ 8
隠線消去 46, 47
隠面消去 46, 47

う
ウエーブレット変換 37

え
エポキシ樹脂 86

お
オペレーティング・システム 13

か
開口数 6, 7
拡散反射 51
画素 49
画像修正 15, 31, 62
画像処理 16, 67, 68
画像認識 17

き
輝度値 49, 67, 79

く
空間充填モデル 106

け
ケラレ 10, 15

こ
交差法 88, 128
コントラスト 68, 69

さ
サーフェスモデリング 44, 45, 56, 58, 63
サーフェスモデル 57, 77
サーフェスレンダリング 48
撮像素子 7, 9

し
シェーディング 47
糸球体 81, 82, 87
神経堤細胞 80, 81, 84

す
スタック 16
ステレオ写真 129
スライドスキャナー 4

ち
頂点数 124, 125, 126
重複 23, 24

て
伝達関数 51, 52, 53, 54, 77, 78, 84

と
特徴点 17, 18
特徴量 17, 18
トレース 44, 57, 63, 64

は
バーチャル顕微鏡 1, 2, 5, 41
バーチャルスライド 1
パノラマ写真 21
パラフィン 85, 86

ひ
非可逆圧縮 12
ヒストグラム 51, 52, 54, 79
表面 106
表面構造 107

ふ
ファンデルワールス半径 106, 107
ファンデルワールス表面 106, 107
不透明度 51, 53, 55, 79
ブロックノイズ 37
分子表面 106, 107

へ
平行法 88

ほ
補間処理 51, 52
ボクセル 49
ポリゴンモデル 46
ボリュームデータ 49
ボリュームレンダリング 45, 49, 55, 66, 70

ま
マッチング 18, 20

む
無圧縮 12
ムービー 92, 129

め
メモリーサイズ 58

133

▶索　引

も

モスキートノイズ　37

ゆ

融合　83

よ

溶媒接触可表面　107, 108

り

リアコンバージョンレンズ　11
離散コサイン変換　36
立体視　88, 91
リモート撮影機能　8

れ

レイキャスティング　49, 50
レイヤー　34, 35
連結　17, 21, 23, 24, 26, 27, 28

わ

ワークステーション　14

著者略歴
駒崎 伸二
<small>こま ざき しん じ</small>

1952 年　埼玉県に生まれる
1978 年　横浜市立大学文理学部生物課程卒業
1980 年　新潟大学大学院理学研究科生物課程修了
同　年　埼玉医科大学医学部助手
1986 年　（医学博士）
2002 年より　埼玉医科大学医学部准教授

主な著書
動物の発生と分化（共著、裳華房）、図解 分子細胞生物学（共著、裳華房）、分子発生生物学（改訂版）（共著、裳華房）

フリーソフトで作る
バーチャルスライドと 3D モデルの作成法

2014 年 9 月 30 日　第 1 版 1 刷発行

検印省略		
定価はカバーに表示してあります．	著作者	駒　崎　伸　二
	発行者	吉　野　和　浩
	発行所	東京都千代田区四番町 8-1 電　話　03-3262-9166（代） 郵便番号 102-0081 株式会社　裳　華　房
	印刷所	三報社印刷株式会社
	製本所	牧製本印刷株式会社

社団法人
自然科学書協会会員

JCOPY 〈(社)出版者著作権管理機構 委託出版物〉
本書の無断複写は著作権法上での例外を除き禁じられています．複写される場合は，そのつど事前に，(社)出版者著作権管理機構（電話03-3513-6969, FAX03-3513-6979, e-mail:info@jcopy.or.jp）の許諾を得てください．

ISBN 978-4-7853-5860-0

Ⓒ 駒崎伸二，2014　　Printed in Japan

☆ 新・生命科学シリーズ ☆

動物の系統分類と進化	藤田敏彦 著	本体 2500 円＋税
植物の系統と進化	伊藤元己 著	本体 2400 円＋税
動物の発生と分化	浅島 誠・駒崎伸二 共著	本体 2300 円＋税
動物の形態 －進化と発生－	八杉貞雄 著	本体 2200 円＋税
植物の成長	西谷和彦 著	本体 2500 円＋税
動物の性	守 隆夫 著	本体 2100 円＋税
脳 －分子・遺伝子・生理－	石浦章一・笹川 昇・二井勇人 共著	本体 2000 円＋税
動物行動の分子生物学	久保健雄 他共著	本体 2400 円＋税
植物の生態 －生理機能を中心に－	寺島一郎 著	本体 2800 円＋税
動物の生態 －脊椎動物の進化生態を中心にして－	松本忠夫 著	近刊
遺伝子操作の基本原理	赤坂甲治・大山義彦 共著	本体 2600 円＋税

（以下続刊；近刊のタイトルは変更する場合があります）

エントロピーから読み解く 生物学	佐藤直樹 著	本体 2700 円＋税
図解 分子細胞生物学	浅島 誠・駒崎伸二 共著	本体 5200 円＋税
微生物学 －地球と健康を守る－	坂本順司 著	本体 2500 円＋税
新 バイオの扉 －未来を拓く生物工学の世界－	高木正道 監修	本体 2600 円＋税
分子遺伝学入門 －微生物を中心にして－	東江昭夫 著	本体 2600 円＋税
しくみからわかる 生命工学	田村隆明 著	本体 3100 円＋税
遺伝子と性行動 －性差の生物学－	山元大輔 著	本体 2400 円＋税
行動遺伝学入門 －動物とヒトの"こころ"の科学－	小出 剛・山元大輔 編著	本体 2800 円＋税
初歩からの 集団遺伝学	安田徳一 著	本体 3200 円＋税
イラスト 基礎からわかる 生化学 －構造・酵素・代謝－	坂本順司 著	本体 3200 円＋税
しくみと原理で解き明かす 植物生理学	佐藤直樹 著	本体 2700 円＋税
クロロフィル －構造・反応・機能－	三室 守 編集	本体 4000 円＋税
カロテノイド －その多様性と生理活性－	高市真一 編集	本体 4000 円＋税
外来生物 －生物多様性と人間社会への影響－	西川 潮・宮下 直 編著	本体 3200 円＋税

裳華房ホームページ　http://www.shokabo.co.jp/　2014 年 9 月現在